IT 工程师宝典

智能优化算法
及其 MATLAB 实例
（第 4 版）

包子阳　余继周　杨　杉　编著

电子工业出版社

Publishing House of Electronics Industry

北京·BEIJING

内容简介

智能优化算法在解决大空间、非线性、全局寻优、组合优化等复杂问题方面具有独特的优势,使其受到国内外学者的广泛关注,并在信号处理、图像处理、生产调度、任务分配、模式识别、自动控制和机械设计等众多领域得到了成功应用。本书介绍了 8 种经典智能优化算法——遗传算法、差分进化算法、免疫算法、蚁群算法、粒子群算法、模拟退火算法、禁忌搜索算法和神经网络算法的来源、原理、算法流程和关键参数说明,并给出了具体的 MATLAB 仿真实例。对于要使用这些算法工具来解决具体问题的理论研究人员和工程技术人员,通过本书可以节省大量查询资料和编写程序的时间,通过仿真实例可以更深入地理解、快速地掌握这些算法。

读者对象:电子、通信、计算机、自动化、机器人、经济学和管理学等学科以及信号处理、图像处理、生产调度、任务分配、模式识别、自动控制和机械设计等领域,从事智能优化算法的理论研究人员和工程应用人员以及高等院校高年级本科生、研究生等。

本书实例源程序可在华信教育资源网(https://www.hxedu.com.cn/)免费下载,或通过与本书责任编辑(qianwy@phei.com.cn 或 1913858568@qq.com)联系获取。

未经许可,不得以任何方式复制或抄袭本书之部分或全部内容。
版权所有,侵权必究。

图书在版编目(CIP)数据

智能优化算法及其 MATLAB 实例 / 包子阳,余继周,杨杉编著. -- 4 版. -- 北京:电子工业出版社,2025.8. -- (IT 工程师宝典). -- ISBN 978-7-121-50636-9

Ⅰ. TP301.6

中国国家版本馆 CIP 数据核字第 2025DC7131 号

责任编辑:钱维扬(qianwy@phei.com.cn)　　文字编辑:张来盛
印　　刷:山东华立印务有限公司
装　　订:山东华立印务有限公司
出版发行:电子工业出版社
　　　　　北京市海淀区万寿路 173 信箱　邮编:100036
开　　本:787×980　1/16　印张:14.25　字数:328 千字
版　　次:2016 年 8 月第 1 版
　　　　　2025 年 8 月第 4 版
印　　次:2025 年 8 月第 1 次印刷
定　　价:69.80 元

凡所购买电子工业出版社图书有缺损问题,请向购买书店调换。若书店售缺,请与本社发行部联系,联系及邮购电话:(010)88254888,88258888。

质量投诉请发邮件至 zlts@phei.com.cn,盗版侵权举报请发邮件至 dbqq@phei.com.cn。
本书咨询联系方式:(010)88254459;qianwy@phei.com.cn。

前　言

近年来,随着计算机技术的快速发展,为了在一定程度上解决大空间、非线性、全局寻优、组合优化等复杂问题,智能优化算法不断涌现,如进化类算法、群智能算法、模拟退火算法、禁忌搜索算法和神经网络算法等。因其独特的优点和机制,这些算法受到国内外学者的广泛关注,掀起了研究热潮,在信号处理、图像处理、生产调度、任务分配、模式识别、自动控制和机械设计等众多领域得到了成功应用。

本书介绍了 8 种经典智能优化算法的来源、原理、算法流程和关键参数说明,包括遗传算法、差分进化算法、免疫算法、蚁群算法、粒子群算法、模拟退火算法、禁忌搜索算法和神经网络算法,并给出了具体的 MATLAB 仿真实例。全书分为 9 章:第 1 章为概述,综合介绍智能优化算法的功能和应用以及主要算法的来源、原理和特点;第 2~9 章对上述 8 种智能优化算法分别进行介绍,包括算法简介、算法理论、算法主要种类、算法流程和关键参数说明,并给出 MATLAB 仿真实例,其中有的章节还介绍算法的改进方向和实现方法。

智能优化算法可应用于电子、通信、计算机、自动化、机器人、经济学和管理学等众多学科,对于要使用这些算法工具来解决具体问题的理论研究人员和工程技术人员来说,通过本书可以节省大量查询资料和编写程序的时间,通过 MATLAB 仿真实例可以更深入地理解、快速地掌握这些算法。鉴于每种算法的优化目标可以很多,相对应的修正算法也很多,感兴趣的读者可以在此基础上进行深入研究。

本书初版于 2016 年 8 月问世,第 2 版、第 3 版分别于 2018 年和 2021 年出版。本书自出版发行以来,得到广大读者的厚爱,并有幸被一些高校用作高年级本科生和研究生的教材。在使用过程中,许多读者对本书提出了中肯的意见和建议。为了更好地服务于读者,现对第 3 版进行一次全面的修订完善,并对 MATLAB 实例程序进行更新。

为了便于读者学习和参考,书中的实例源程序可在电子工业出版社华信教育资源网(https://www.hxedu.com.cn/)免费下载,或通过与本书责任编辑(qianwy@phei.com.cn 或 1913858568@qq.com)联系获取。

本书由包子阳、余继周负责编写和修订，杨杉参与修订并负责审查和校订。在编写和修订过程中，得到了北京无线电测量研究所的支持和帮助，电子工业出版社相关编辑为本书的出版付出了辛勤劳动，在此表示由衷的感谢。

由于编著者水平有限，书中难免有各种不足之处，诚挚希望各位专家和读者批评指正。联系方式：bao_ziyang@163.com。

编著者
2025 年 5 月

目 录

第 1 章 概述 1
1.1 进化类算法 2
1.2 群智能算法 3
1.3 模拟退火算法 5
1.4 禁忌搜索算法 5
1.5 神经网络算法 5
参考文献 6

第 2 章 遗传算法 7
2.1 引言 7
2.2 遗传算法理论 8
2.2.1 遗传算法的生物学基础 8
2.2.2 遗传算法理论基础 9
2.2.3 遗传算法的基本概念 11
2.2.4 标准遗传算法 14
2.2.5 遗传算法的特点 14
2.2.6 遗传算法的改进方向 15
2.3 遗传算法流程 15
2.4 关键参数说明 17
2.5 MATLAB 仿真实例 18
参考文献 33

第 3 章 差分进化算法 35
3.1 引言 35
3.2 差分进化算法理论 36
3.2.1 差分进化算法原理 36
3.2.2 差分进化算法的特点 36
3.3 差分进化算法种类 37

		3.3.1 基本差分进化算法 · 37
		3.3.2 差分进化算法的其他形式 · 39
		3.3.3 改进的差分进化算法 · 40
	3.4	差分进化算法流程 · 41
	3.5	关键参数的说明 · 42
	3.6	MATLAB 仿真实例 · 43
	参考文献 · 55

第 4 章 免疫算法 · 57

	4.1	引言 · 57
	4.2	免疫算法理论 · 58
		4.2.1 生物免疫系统 · 58
		4.2.2 免疫算法概念 · 60
		4.2.3 免疫算法的特点 · 61
		4.2.4 免疫算法算子 · 61
	4.3	免疫算法种类 · 65
		4.3.1 克隆选择算法 · 65
		4.3.2 免疫遗传算法 · 65
		4.3.3 反向选择算法 · 65
		4.3.4 疫苗免疫算法 · 66
	4.4	免疫算法流程 · 66
	4.5	关键参数说明 · 68
	4.6	MATLAB 仿真实例 · 69
	参考文献 · 82

第 5 章 蚁群算法 · 85

	5.1	引言 · 85
	5.2	蚁群算法理论 · 86
		5.2.1 真实蚁群的觅食过程 · 86
		5.2.2 人工蚁群的优化过程 · 88
		5.2.3 真实蚂蚁与人工蚂蚁的异同 · 88
		5.2.4 蚁群算法的特点 · 89
	5.3	基本蚁群算法及其流程 · 90
	5.4	改进的蚁群算法 · 93

		5.4.1 精英蚂蚁系统	93
		5.4.2 最大最小蚂蚁系统	93
		5.4.3 基于排序的蚁群算法	94
		5.4.4 自适应蚁群算法	94
	5.5	关键参数说明	95
	5.6	MATLAB 仿真实例	97
	参考文献		106

第 6 章 粒子群算法 · 109

6.1	引言		109
6.2	粒子群算法理论		110
	6.2.1	粒子群算法描述	110
	6.2.2	粒子群算法建模	111
	6.2.3	粒子群算法的特点	111
6.3	粒子群算法种类		112
	6.3.1	基本粒子群算法	112
	6.3.2	标准粒子群算法	112
	6.3.3	压缩因子粒子群算法	113
	6.3.4	离散粒子群算法	114
6.4	粒子群算法流程		114
6.5	关键参数说明		115
6.6	MATLAB 仿真实例		118
参考文献			133

第 7 章 模拟退火算法 · 135

7.1	引言		135
7.2	模拟退火算法理论		136
	7.2.1	物理退火过程	136
	7.2.2	模拟退火原理	137
	7.2.3	模拟退火算法的思想	138
	7.2.4	模拟退火算法的特点	139
	7.2.5	模拟退火算法的改进方向	139
7.3	模拟退火算法流程		140
7.4	关键参数说明		141

7.5 MATLAB 仿真实例 ································· 143
参考文献 ····································· 154

第 8 章 禁忌搜索算法 ································· 155
8.1 引言 ····································· 155
8.2 禁忌搜索算法理论 ································· 156
  8.2.1 局部邻域搜索 ································· 156
  8.2.2 禁忌搜索 ································· 157
  8.2.3 禁忌搜索算法的特点 ································· 157
  8.2.4 禁忌搜索算法的改进方向 ································· 158
8.3 禁忌搜索算法流程 ································· 158
8.4 关键参数说明 ································· 160
8.5 MATLAB 仿真实例 ································· 163
参考文献 ····································· 174

第 9 章 神经网络算法 ································· 177
9.1 引言 ····································· 177
9.2 神经网络算法理论 ································· 178
  9.2.1 人工神经元模型 ································· 178
  9.2.2 常用激活函数 ································· 179
  9.2.3 神经网络模型 ································· 180
  9.2.4 神经网络工作方式 ································· 180
  9.2.5 神经网络算法的特点 ································· 181
9.3 梯度下降算法 ································· 182
9.4 BP 神经网络算法 ································· 183
9.5 神经网络算法的实现 ································· 186
  9.5.1 数据预处理 ································· 186
  9.5.2 神经网络的实现函数 ································· 188
9.6 MATLAB 仿真实例 ································· 191
参考文献 ····································· 199

附录 A MATLAB 主要函数命令 ································· 201

第 1 章 概 述

优化问题是指在满足一定条件下，在众多方案或参数值中寻找最优方案或参数值，以使得某个或多个功能指标达到最优，或使系统的某些性能指标达到最大值或最小值。优化问题广泛存在于信号处理、图像处理、生产调度、任务分配、模式识别、自动控制和机械设计等众多领域[1]。优化方法是一种以数学为基础，用于求解各种优化问题的应用技术。各种优化方法在上述领域得到了广泛应用，并且已经产生了巨大的经济效益和社会效益。实践证明，通过优化方法，能够提高系统效率，降低能耗，合理地利用资源，并且随着处理对象规模的增大，这种效果会更加明显[2]。

在电子、通信、计算机、自动化、机器人、经济学和管理学等众多学科中，不断地出现了许多复杂的组合优化问题。面对这些大型的优化问题，传统的优化方法（如牛顿法、单纯形法等）需要遍历整个搜索空间，无法在短时间内完成搜索，且容易产生搜索的"组合爆炸"[1]。例如，许多工程优化问题，往往需要在复杂而庞大的搜索空间中寻找最优解或者准最优解。鉴于实际工程问题的复杂性、非线性、约束性以及建模困难等诸多特点，寻求高效的优化算法已成为相关学科的主要研究内容之一。

受到人类智能、生物群体社会性或自然现象规律的启发，人们发明了很多优化算法来解决上述复杂的优化问题，这些算法主要包括：模仿自然界生物进化机制的遗传算法；通过群体内个体间的合作与竞争来优化搜索的差分进化算法；模拟生物免疫系统学习和认知功能的免疫算法；模拟蚂蚁集体寻径行为的蚁群算法；模拟鸟群和鱼群群体行为的粒子群算法；源于固体物质退火过程的模拟退火算法；

模拟人类智力记忆过程的禁忌搜索算法；模拟动物神经网络行为特征的神经网络算法；等等。这些算法有个共同点，即它们都是通过模拟或揭示某些自然界的现象和过程或生物群体的智能行为而得到发展的，在优化领域称它们为智能优化算法，这些算法具有简单、通用、便于并行处理等特点[2]。

1.1 进化类算法

进化类算法主要有遗传算法、差分进化算法和免疫算法等。

自然界的生物体在遗传、选择和变异等一系列作用下，优胜劣汰，不断地由低级向高级进化和发展，人们将这种"适者生存"的进化规律的实质加以模式化，从而构成一种优化算法，即进化计算。进化计算是一系列的搜索技术或算法，包括遗传算法、进化规划、进化策略等，它们在函数优化、模式识别、机器学习、神经网络训练、智能控制等众多领域都有着广泛的应用。其中，遗传算法是进化计算中具有普遍影响的模拟进化优化算法。

为了求解切比雪夫多项式问题，Rainer Storn 和 Kenneth Price 根据上述进化思想提出了差分进化算法。它是一种采用实数编码、在连续空间中进行随机搜索、基于种群迭代的新兴进化算法，具有结构简单、性能高效的特点。

免疫算法则是模仿生物免疫机制，结合基因的进化机理，人工地构造出的一种新型智能搜索算法，属于进化类算法的变种算法。

遗传算法

遗传算法（Genetic Algorithm，GA）是模拟生物在自然环境中的遗传和进化过程，从而形成的自适应全局优化搜索算法。它起源于 20 世纪 60 年代人们对自然和人工自适应系统的研究，最早由美国 J. H. Holland 教授提出[3]，并于 80 年代由 D. J. Goldberg 在一系列研究工作的基础上归纳总结而成。

遗传算法是通过模仿自然界生物进化机制而发展起来的随机全局搜索和优化方法。它借鉴了达尔文的进化论和孟德尔的遗传学说，使用"适者生存"的原则，本质上是一种并行、高效、全局搜索的方法；它能在搜索过程中自动获取和积累有关搜索空间的知识，并自适应地控制搜索过程，以求得最优解。

差分进化算法

差分进化（Differential Evolution，DE）算法最初用来解决切比雪夫多项式问题，后来发现该算法也是解决复杂优化问题的有效技术[4]。

差分进化算法是一种新兴的进化计算技术，它基于群智能理论，是通过群体内个体间的合作与竞争产生的智能优化搜索算法。但相比于进化计算，差分进化算法保留了基于种群的全局搜索策略，采用实数编码、基于差分的简单变异操作和"一对一"的竞争生存策略，降低了进化计算的复杂性。同时，差分进化算法具有较强的全局收敛能力和鲁棒性（又称稳健性），且不需要借助问题的特征信息，适用于求解那些利用常规的数学规划方法很难求解甚至无法求解的复杂优化问题。

免疫算法

最早的免疫系统模型由 Jerne 于 1973 年提出[5]，他基于 Burnet 的克隆选择学说，开创了独特型网络理论，给出了免疫系统的数学框架，并采用微分方程建模来仿真淋巴细胞的动态变化。Farmal 等人于 1986 年基于免疫网络理论构造出免疫系统的动态模型，展示了免疫系统与其他人工智能方法相结合的可能性，开创了免疫系统研究的先河。

免疫算法（Immune Algorithm，IA）就是模仿生物免疫机制，结合基因的进化机理而人工构造的。该算法具有一般免疫系统的特征，它采用群体搜索策略，通过迭代计算，最终以较大的概率得到问题的最优解。相比于其他算法，免疫算法克服了一般寻优过程中（特别是多峰值的寻优过程中）不可避免的"早熟"问题，可求得全局最优解，具有自适应性、随机性、并行性、全局收敛性、种群多样性等优点。

1.2 群智能算法

群智能指的是"无智能的主体通过合作表现出智能行为的特性"。群智能算法是一种基于生物群体行为规律的计算技术，它受社会昆虫（如蚂蚁、蜜蜂）和群居脊椎动物（如鸟群、鱼群和兽群）的启发，用来解决分布式问题。在没有集中控制并且不提供全局模型的前提下，为寻找复杂的分布式问题的解决方案提供了一种新的思路。

群智能算法易于实现，其中仅涉及各种基本的数学操作，其数据处理过程对 CPU 和内存的要求也不高。而且，这种算法只需要目标函数的输出值，而不需要其梯度信息。已完成的群智能理论和应用方法研究证明：群智能算法是一种能够有效解决大多数全局优化问题的新方法。近年来，群智能理论研究领域出现了众多算法，如蚁群算法、粒子群算法、鱼群算法、蜂群算法、猫群算法、狼群算法、鸡群算法、雁群算法、象群算法、鲸鱼算法、乌鸦算法、野马算法、文化算法、杂草算法、蝙蝠算法、布谷鸟算法、果蝇算法、蛙跳算法、细菌觅食算法、萤火虫算法、烟花算法和头脑风暴算法等[6]。其中，蚁群算法和粒子群算法是最主要的两种群智能算法。前者是对蚂蚁群体食物采集过程的模拟，已成功应用于许多离散优化问题；后者起源于对简单社会系统的模拟，最初用来模拟鸟群觅食的过程，但后来发现它是一种很好的优化算法。

蚁群算法

蚂蚁在寻找食物时，能在其走过的路径上释放一种特殊的分泌物——信息素。随着时间的推移，该物质会逐渐挥发，后来的蚂蚁选择该路径的概率与当时这条路径上信息素的强度成正比。当一条路径上通过的蚂蚁越来越多时，它们留下的信息素也越来越多，后来的蚂蚁选择该路径的概率也就越高，从而更增加了该路径上的信息素强度。而强度大的信息素会吸引更多的蚂蚁，从而形成一种正反馈机制。通过这种正反馈机制，蚂蚁最终可以发现最短路径。

蚁群算法（Ant Colony Optimization，ACO）就是通过模拟自然界中蚂蚁集体寻径行为而提出的一种基于种群的启发式随机搜索算法，是群智能理论研究领域的一种重要算法[7]。

蚁群算法具有分布式计算、无中心控制和分布式个体之间间接通信等特征，易于与其他优化算法相结合，已被广泛应用于优化问题的求解。

粒子群算法

粒子群算法（Particle Swarm Optimization，PSO）是 Kennedy 和 Eberhart 受人工生命研究结果的启发，通过模拟鸟群觅食过程中的迁徙和群聚行为而提出的一种基于群智能的全局随机搜索算法[8]；他们于 1995 年在 IEEE 国际神经网络学术会议上发表了题为"Particle Swarm Optimization"的论文，标志着粒子群算法的正式诞生。粒子群算法因其算法简单、容易实现而成为研究热点之一。

与其他进化算法一样，粒子群算法也基于"种群"和"进化"的概念，通过个体间的协作与竞争，实现复杂空间最优解的搜索。但是，它对个体不进行交叉、变异、选择等进化算子操作，而是将群体中的个体看成在 D 维搜索空间中没有质量和体积的粒子，每个粒子以一定的速度在解空间中运动，并向自身历史最佳位置 p_{best} 和群体历史最佳位置 g_{best} 聚集，实现对候选解的进化。

粒子群算法因具有很好的生物社会背景而易于理解，因参数少而容易实现，对非线性、多峰问题均具有较强的全局搜索能力，在科学研究与工程实践中得到了广泛关注。

1.3 模拟退火算法

模拟退火（Simulated Annealing，SA）算法是一种基于蒙特卡罗（Monte Carlo）迭代求解策略的随机寻优算法，它基于物理中固体物质的退火过程与一般组合优化问题之间的相似性，其目的在于为具有 NP（Non-deterministic Polynomial，非确定性多项式）复杂性的问题提供有效的近似求解算法；该算法克服了传统算法优化过程容易陷入局部极值的缺陷和对初值的依赖性[9]。

作为一种通用的优化算法，模拟退火算法是局部搜索算法的扩展，但又与局部搜索算法不同：它以一定的概率选择邻域中目标值大的状态。从理论上来说，它是一种全局最优算法。模拟退火算法采用了许多独特的方法和技术，具有十分强大的全局搜索性能；虽然它看起来是一种盲目的搜索算法，但实际上有着明确的搜索方向。

1.4 禁忌搜索算法

目前人工智能在各应用领域中被广泛使用，而搜索是人工智能的一个基本问题，搜索技术已渗透在各种人工智能系统中。

禁忌搜索（Tabu Search or Taboo Search，TS）算法以其灵活的存储结构和相应的禁忌准则来避免迂回搜索，在智能算法中独树一帜，成为一个研究热点，受到国内外学者的广泛关注。禁忌搜索算法是对局部邻域搜索的一种扩展，它在通过禁忌准则来避免重复搜索的同时，通过藐视准则来赦免一些被禁忌的优良状态，进而保证多样化的有效搜索，以最终实现全局优化[10]。

1.5 神经网络算法

人工神经网络（Artificial Neural Network，ANN）简称为神经网络或称为连接模型。1943 年形式神经元的数学模型的提出，开创了神经科学理论研究的时代[11]。1982 年 J. J. Hopfield 提出了具有联想记忆功能的 Hopfield 神经网络，引入了能量函数的原理，给出了网络的稳定性判据。这一成果标志着神经网络的研究取得了突破性的进展。

神经网络是一种模仿生物神经系统的新型信息处理模型，具有独特的结构，其显著的特点如下：具有非线性映射能力；不需要精确的数学模型；擅长从输入输出数据中学习有用知识；容易实现并行计算；由大量的简单计算单元组成，易于用软硬件实现；等等。所以，人们期望它能够解决一些用传统方法难以解决甚至无法解决的问题。迄今为止，已经出现了许多神经网络模型及相应的学习算法，其中 BP 神经网络的误差反向传播（Back Propagation，BP）算法是一种最常用的神经网络算法。

参考文献

[1] 周雪刚. 非凸优化问题的全局优化算法[D]. 长沙: 中南大学, 2010: 1-12.

[2] 邢立宁. 知识型智能优化方法及其应用研究[D]. 长沙: 国防科学技术大学, 2009: 1-10.

[3] HOLLAND J H. Adaptation in natural and artificial systems[M]. Ann Arbor: University of Michigan Press, 1975.

[4] STORN R, PRICE K. Minimizing the real functions of the ICEC'96 contest by differential evolution[C]. Proceedings of the IEEE Conference on Evolutionary Computation, 1996: 842-844.

[5] JERNE N K. Towards a network theory of the immune system[J]. Annual Immunology, 1974(125): 373-389.

[6] 冀俊忠, 王鼎. 智能优化算法解析[M]. 北京：机械工业出版社，2024: 10-15.

[7] IGO M, MANIEZZO V, COLORNI A. Ant system: optimization by a colony of cooperating agents[J]. IEEE Transaction on Systems，Man，and Cybernetics- art B，1996, 26(l): 29-41.

[8] ENNEDY J, EBERHART R. Swarm intelligence[M]. American Academic Press, 2001.

[9] KIRKPATRICK S, GELATT C, VECCHI M. Optimization by simulated annealing[J]. Science, 1983(220): 671-680.

[10] LOVER F. Future paths for integer programming and links to artificial intelligence[J]. Computers and Operations Research, 1986, 13(5): 533-549.

[11] MCCULLOCH W S, PITTS W. A logical calculus of the ideas immanent in nervous activity[J]. Bulletin of Mathematical Biophysics, 1943(5): 115-133.

第 2 章
遗 传 算 法

2.1 引言

前已述及，遗传算法（Genetic Algorithm，GA）是模拟生物在自然环境中的遗传和进化过程，从而形成的自适应全局优化搜索算法。它借用了生物遗传学的观点，通过自然选择、遗传和变异等作用机制，实现各个个体适应性的提高。遗传算法最早由美国的 J. H. Holland 教授提出[1]，源自人们对自然和人工自适应系统的研究；20 世纪 70 年代，K. A. De Jong 基于遗传算法的思想，在计算机上进行了大量的纯数值函数优化计算试验[2]；80 年代，遗传算法由 D. E. Goldberg 在一系列研究工作的基础上归纳总结而成[3]。

20 世纪 90 年代以后，遗传算法作为一种高效、实用、鲁棒性强的优化技术，发展极为迅速，在机器学习、模式识别、神经网络、控制系统优化及社会科学等不同领域得到广泛应用，引起了许多学者的广泛关注。进入 21 世纪，以不确定性、非线性、时间不可逆为内涵的复杂性科学成为一个研究热点。遗传算法能有效地求解 NP（Non-deterministic Polynomial，非确定性多项式）问题以及非线性、多峰函数优化和多目标优化问题，因而得到了众多学科学者的高度重视，同时这也极大地推动了遗传算法理论研究和实际应用的不断深入与发展。目前，在世界范围内已掀起关于遗传算法的研究与应用热潮[4-6]。

遗传算法借鉴了达尔文的进化论和孟德尔的遗传学说。其本质是一种并行、高效、全局搜索的方法，它能在搜索过程中自动获取和积累有关搜索空间的知识，并自适应地控制搜索过程以求得最优解。遗传算法操作：使用"适者生存"的原则，在潜在的种群解决方案中逐次产生一个近似最优的方案。在遗传算法的每一代中，根据个体在问题域中的适应度值和从自然遗传学中借鉴来的再造方法进行个体选择，产生一个新的近似解。这个过程促使种群中的个体进化，得到的新个体比原个体更能适应环境，就像自然界中的改造一样[7]。

同传统的优化算法相比，遗传算法具有对参数的编码进行操作、不需要推导和附加信息、寻优规则非确定性、自组织性、自适应性和自学习性等特点。当染色体结合时，双亲的遗传基因的结合使得子女保持父母的特征；当染色体结合后，随机的变异会造成子代同父代的不同。

2.2 遗传算法理论

2.2.1 遗传算法的生物学基础

自然选择学说认为适者生存，生物要存活下去，就必须进行生存斗争。生存斗争包括物种内斗争、物种间斗争以及生物跟环境之间的斗争三个方面。在生存斗争中，具有有利变异的个体容易存活下来，并且有更多的机会将有利变异传给后代；具有不利变异的个体就容易被淘汰，产生后代的机会也将少得多。因此，凡是在生存斗争中获胜的个体都是对环境适应性比较强的个体。达尔文把这种在生存斗争中适者生存、不适者淘汰的过程叫作自然选择。

达尔文的自然选择学说表明，遗传和变异是决定生物进化的内在因素。遗传是指父代与子代之间，在性状上存在的相似现象；变异是指父代与子代之间，以及子代的个体之间，在性状上存在的差异现象。在生物体内，遗传和变异的关系十分密切。一个生物体的遗传性状往往会发生变异，而变异的性状有的可以遗传。遗传能够使生物的性状不断地传送给后代，因此保持了物种的特性；变异能够使生物的性状发生改变，从而适应新的环境而不断地向前发展。

生物的各项生命活动都有它的物质基础，生物的遗传与变异也是这样。根据现代细胞学和遗传学的研究可知：遗传物质的主要载体是染色体，而染色体由基因组成；基因是有遗传效应的片段，它储存着遗传信息，可以被准确地复制，也能够发生突变。生物体自身通过对基因的复制和交叉，使其性状的遗传得到选择和控制。同时，通过基因重组、基因变异和染色体在结构和数目上的变异产生丰富多彩的变异现象。生物的遗传特性，使生物界的物种能够保持相对的稳定；生物的变异特性，使生物个体产生新的性状，以至形成了新的物种，推动了生物的进化和发展。

生物在繁殖中可能发生基因交叉和变异，会引起生物性状的连续微弱改变，这为外界环境的定向选择提供了物质条件和基础，使生物的进化成为可能。人们正是通过对环境的选择、基因的交叉和变异这一生物演化的迭代过程的模仿，提出了能够用于求解最优化问题的强鲁棒性和自适应性的遗传算法[7]。生物遗传和进化的规律有：

（1）生物的所有遗传信息都包含在其染色体中，染色体决定了生物的性状。染色体是由基因及其有规律的排列所构成的。

（2）生物的繁殖过程是由其基因的复制过程来完成的。同源染色体的交叉或变异会产生新的物种，使生物呈现新的性状。

（3）对环境适应能力强的基因或染色体，比适应能力差的基因或染色体有更多的机会遗传到下一代。

2.2.2 遗传算法理论基础

模式定理

模式定义：模式是描述种群中在位串的某些确定位置上具有相似性的位串子集的相似性模板。

不失一般性，考虑二值字符集{0, 1}，由此可以产生通常的 0、1 字符串。增加一个符号 "*"，称作"通配符"，即 "*" 既可以当作 "0"，也可以当作 "1"。这样，二值字符集{0, 1}就扩展为三值字符集{0, 1, *}，由此可以产生诸如 0110, 0*11**, **01*0 之类的字符串。

基于三值字符集{0, 1, *}所产生的能描述具有某些结构相似性的 0、1 字符串集的字符串，称作模式。这里需要强调的是，"*" 只是一个描述符，而并非遗传算法中实际的运算符号，它仅仅是为了描述上的方便而引入的符号。

模式的概念可以简明地描述为具有相似结构特点的个体编码字符串。在引入了模式概念之后，遗传算法的本质是对模式所进行的一系列运算，即通过选择操作将当前种群中的优良模式遗传到下一代种群中，通过交叉操作进行模式的重组，通过变异操作进行模式的突变。通过这些遗传运算，一些较差的模式逐步被淘汰，而一些较好的模式逐步被遗传和进化，最终就可以得到问题的最优解。

多个字符串中隐含着多个不同的模式。确切地说，长度为 L 的字符串，隐含着 2^L 个不同的模式，而不同的模式所匹配的字符串的个数是不同的。为了反映这种确定性的差异，引入模式阶概念。

模式阶定义：模式 H 中确定位置的个数称作该模式的模式阶，记作 $O(H)$。

比如，模式 011*1* 的阶数为 4，而模式 0***** 的阶数为 1。显然，一个模式的阶数越高，其样本数就越少，因而其确定性就越高。但是，模式阶并不能反映模式的所有性质；即使具有同阶的模式，在遗传操作下，也会有不同的性质。为此，引入定义距的概念。

定义距定义：在模式 H 中第一个确定位置和最后一个确定位置之间的距离称作该模式的定义距，记作 $D(H)$。

模式定理：在遗传算法选择、交叉和变异算子的作用下，具有低阶、短定义距，并且其平均适应度高于种群平均适应度的模式在子代中将呈指数级增长[8]。

模式定理又称为遗传算法的基本定理。模式定理阐述了遗传算法的理论基础，说明了模式的增加规律，同时也对遗传算法的应用提供了指导。根据模式定理，随着遗传算法的一代一代地进行，定义距短、位数少、适应度高的模式将越来越多，因而可期望最后得到的位串的性能越来越得到改善，并最终趋向全局最优点。

模式的思路提供了一种简单而有效的方法，使得能够在有限字符表的基础上讨论有限长位串的严谨定义的相似性；而模式定理从理论上保证了遗传算法是一个可以用来寻求最优可行解的优化过程。

积木块假设

模式定理说明了具有某种结构特征的模式在遗传进化过程中的样本数目将呈指数级增长。这种模式定义为积木块，它在遗传算法中非常重要。

积木块定义：具有低阶、短定义距以及高平均适应度的模式称作积木块。

之所以称之为积木块，是因为遗传算法的求解过程并不是在搜索空间中逐一地测试各个基因的枚举组合，而是通过一些较好的模式，像搭积木一样，将它们拼接在一起，从而逐渐地构造出适应度越来越高的个体编码串。

模式定理说明了积木块的样本数呈指数级增长，亦即说明了用遗传算法寻求最优样本的可能性，但它并未指明遗传算法一定能够寻求到最优样本；而积木块假设说明了遗传算法的这种能力。

积木块假设：个体的积木块通过选择、交叉、变异等遗传算子的作用，能够相互结合在一起，形成高阶、长距、高平均适应度的个体编码串[9, 10]。

积木块假设说明了用遗传算法求解各类问题的基本思想，即通过基因块之间的相互拼接能够产生出问题的更好的解，最终生成全局最优解。

从遗传算法的模式定理得到：具有高适应度、低阶、短定义矩的模式的数量会在种群的进化中呈指数级增长，从而保证了算法获得最优解的一个必要条件。而另一方面，积木块假设则指出：遗传算法有能力使优秀的模式向着更优的方向进化，即遗传算法有能力搜索到全局最优解。

2.2.3 遗传算法的基本概念

简单而言，遗传算法使用群体搜索技术，将种群代表一组问题解，通过对当前种群施加选择、交叉和变异等一系列遗传操作来产生新一代的种群，并逐步使种群进化到包含近似最优解的状态。因为遗传算法是自然遗传学与计算机科学相互渗透而形成的计算方法，所以遗传算法中经常会使用一些有关自然进化的基础术语[11]，其中的术语对应关系如表 2.1 所示。

表 2.1 遗传学与遗传算法术语对应关系

遗传学术语	遗传算法术语
种群（群体）	可行解集
个体	可行解
染色体	可行解的编码
基因	可行解编码的分量
基因形式	遗传编码
适应度	评价函数值
选择	选择操作
交叉	交叉操作
变异	变异操作

种群和个体

种群（群体）是生物进化过程中的一个集团，表示可行解集。
个体是组成种群的单个生物体，表示可行解。

染色体和基因

染色体是包含生物体所有遗传信息的化合物，表示可行解的编码。
基因是控制生物体某种性状（即遗传信息）的基本单位，表示可行解编码的分量。

遗传编码

遗传编码将优化变量转化为基因的组合表示形式，优化变量的编码机制有二进制编码、十进制编码（实数编码）等。

二进制编码

这里介绍一下二进制编码的原理和实现。例如，求实数区间[0，4]上函数 $f(x)$ 的最大值，传统的方法是不断调整自变量 x 本身的值，直到获得函数最大值；遗传算法则不对参数本身进行调整，而是首先将参数进行编码，形成位串，再对位串进行进化操作。在这里，假设使用二进制编码形式，我们可以由长度为 6 的位串表示变量 x，即从"000000"到"111111"，并将中间的取值映射到实数区间[0，4]内。从整数上来看，6 位长度的二进制编码位串可以表示 0～63，所以对应[0，4]的区间，每个相邻值之间的阶跃值为 $4/63 \approx 0.0635$，这就是编码精度。一般来说，编码精度越高，所得到的解的质量也越高，意味着解更为优良；但同时，由于遗传操作所需的计算量也更大，算法的耗时将更长，因此在解决实际问题时，编码位数需要适当选择。

实数编码

基于二进制编码的个体尽管操作方便，计算简单，但也存在着一些难以克服的困难而无法满足所有问题的要求。例如，对于高维、连续优化问题，将一个连续量离散化为一个二进制量本身就存在误差，这使得算法很难求得精确解。而要提高解的精度又必须加长编码串的长度，造成解空间扩大，算法效率下降。同时，二进制编码也不利于反映所求问题的特定信息，对问题信息和知识利用得不充分也会阻碍算法效率的进一步提高。为了解决二进制编码产生的问题，人们在解决一些数值优化问题（尤其是高维、连续优化问题）时，经常采用实数编码方式。实数编码的优点是计算精确度高，便于和经典连续优化算法结合，适用于数值优化问题；但其缺点是适用范围有限，只能用于连续变量问题。

适应度

适应度是生物群体中的个体适应生存环境的能力。在遗传算法中，用来评价个体优劣的数学函数，称为个体的适应度函数。

遗传算法在进化搜索中基本上不用外部信息，仅以适应度函数为依据。它的目标函数不受连续可微的约束，且定义域可以为任意集合。对适应度函数的唯一要求是，针对输入可计算出能进行比较的结果。这一特点使得遗传算法应用范围很广。在具体应用中，适应度函数的设计要结合求解问题本身的要求而定。适应度函数评估是选择操作的依据，适应度函数设计直接影响到遗传算法的性能。常见的适应度函数构造方法主要有：目标函数映射成适应度函数，基于序的适应度函数等。

遗传操作

遗传操作是优选强势个体的"选择"、个体间交换基因产生新个体的"交叉"、个体基因信息突变而产生新个体的"变异"这三种变换的统称。在生物进化过程中，一个种群中生物特性的保持是通过遗传来继承的。生物的遗传主要是通过选择、交叉、变异三个过程把当前父代种群的遗传信息遗传到下一代（子代）成员。与此对应，遗传算法中最优解的搜索过程也模仿生物的这个进化过程，使用所谓的遗传算子来实现，即选择算子、交叉算子、变异算子。

（1）选择算子：根据个体的适应度，按照一定的规则或方法，从第 t 代种群 $P(t)$ 中选择出一些优良的个体遗传到下一代种群 $P(t+1)$ 中。

其中，"轮盘赌"选择法是遗传算法中最早提出的一种选择方法，由 Holland 提出，因为它简单实用，所以被广泛采用。它是一种基于比例的选择，利用各个个体适应度所占比例的大小来决定其子代保留的可能性。若某个个体 i 的适应度为 f_i，种群规模（大小）为 N_P，则它被选取的概率表示为

$$p_i = f_i / \sum_{i=1}^{N_P} f_i \quad (i = 1, 2, \cdots, N_P) \tag{2.1}$$

个体适应度越大，则它被选择的机会也越大；反之亦然。为了选择交叉个体，需要进行多轮选择。每一轮产生一个[0，1]内的均匀随机数，将该随机数作为选择指针来确定被选个体。

（2）交叉算子：将种群 $P(t)$ 中选中的各个个体随机搭配，对每一对个体，以某一概率（交叉概率 P_c）交换它们之间的部分染色体。通过交叉，遗传算法的搜索能力得以飞跃提高。

交叉操作一般分为以下几个步骤：首先，从交配池中随机取出要交配的一对个体；然后，根据位串长度 L，对要交配的一对个体，随机选取[1，L–1]中的一个或多个整数 k 作为交叉位置；最后，根据交叉概率 P_c 实施交叉操作，配对个体在交叉位置处，相互交换各自的部分基因，从而形成新的一对个体。

（3）变异算子：对种群中的每个个体，以某一概率（变异概率 P_m）将某一个或某一些基因座上的基因值改变为其他的等位基因值。根据个体编码方式的不同，变异方式有：实值变异、二进制变异。对于二进制的变异，对相应的基因值取反；对于实值的变异，对相应的基因值用取值范围内的其他随机值替代。

变异操作的一般步骤为：首先，对种群中所有个体按事先设定的变异概率判断是否进行变异；然后，对进行变异的个体随机选择变异位进行变异。

2.2.4 标准遗传算法

标准遗传算法（Standard Genetic Algorithm，SGA）是由美国 J. H. Holland 教授与他的同事和学生于 1975 年研究出的遗传算法理论和方法[1]。20 世纪 60 年代中期，Holland 提出了位串编码技术。这种编码既适用于变异操作，又适用于交叉操作，并强调将交叉作为主要的遗传操作。随后，他将该算法应用到自然和人工系统的自适应行为的研究中。Holland 早期有关遗传算法的许多概念一直沿用至今，遗传算法通用的编码技术和简单有效的遗传操作为其后来的成功应用和广泛应用奠定了基础。

标准遗传算法又称为经典遗传算法，它的优化变量由二进制编码来描述，多个优化变量的二进制编码串接在一起组成染色体，这种编码既适用于交叉操作，又适用于变异操作。在创建初始种群时，代表个体的二进制串是在一定字长的限制下随机产生的。交叉算子作用在按交叉概率选中的两个染色体上，随机选中交叉位置，将两个染色体上对应于这些位置上的二进制数值进行交换，生成两个新的个体；而变异算子作用在按变异概率随机选中的个体上，一般是随机选定变异位，将该位的二进制值取反，生成一个新的个体。

2.2.5 遗传算法的特点

遗传算法是模拟生物在自然环境中的遗传和进化的过程而形成的一种并行、高效、全局搜索的方法，它主要有以下特点：

（1）遗传算法以决策变量的编码作为运算对象。这种对决策变量的编码处理方式，使得在优化计算过程中可以借鉴生物学中染色体和基因等概念，模仿自然界中生物的遗传和进化等的机理，方便地应用遗传操作算子。特别是对一些只有代码概念而无数值概念或很难有数值概念的优化问题，编码处理方式更显示出了其独特的优越性。

（2）遗传算法直接以目标函数值作为搜索信息。它仅使用由目标函数值变换来的适应度函数值，就可确定进一步的搜索方向和搜索范围，而不需要目标函数的导数值等其他一些辅助信息。实际应用中很多函数无法或很难求导，甚至根本不存在导数，对于这类目标函数的优化和组合优化问题，遗传算法就显示了高度的优越性，因为它避开了函数求导这个障碍。

（3）遗传算法同时使用多个搜索点的搜索信息。遗传算法对最优解的搜索过程，是从一个由很多个体所组成初始种群开始的，而不是从单一的个体开始的。对这个种群所进行的选择、交叉、变异等运算，产生出新一代的种群，其中包括了很多群体信息。这些信息可以避免搜索一些不必搜索的点，相当于搜索了更多的点，这是遗传算法所特有的一种隐含并行性。

（4）遗传算法是一种基于概率的搜索技术。遗传算法属于自适应概率搜索技术，其选择、交叉、变异等运算都是以一种概率的方式来进行的，从而增加了其搜索过程的灵活性。虽然这种概率特性也会使种群中产生一些适应度不高的个体，但随着进化过程的进行，新的种群中总会更多地产生出优良的个体。与其他一些算法相比，遗传算法的鲁棒性使得参数对其搜索效果的影响尽可能小。

（5）遗传算法具有自组织、自适应和自学习等特性。当遗传算法利用进化过程获得信息自行组织搜索时，适应度大的个体具有较高的生存概率，并获得更适应环境的基因结构。同时，遗传算法具有可扩展性，易于同别的算法相结合，生成综合双方优势的混合算法。

2.2.6 遗传算法的改进方向

标准遗传算法的主要本质特征，在于群体搜索策略和简单的遗传算子，这使得遗传算法获得了强大的全局最优解搜索能力、问题域的独立性、信息处理的并行性、应用的鲁棒性和操作的简明性，从而成为一种具有良好适应性和可规模化的求解方法。但大量的实践和研究表明，标准遗传算法存在局部搜索能力差和"早熟"等缺陷，不能保证算法收敛。

在现有的许多文献中出现了针对标准遗传算法的各种改进算法，并取得了一定的成效[12-15]。它们主要集中在对遗传算法的性能有重大影响的6个方面：编码机制、选择策略、交叉算子、变异算子、特殊算子和参数设计（包括种群规模、交叉概率、变异概率）等。

此外，遗传算法与差分进化算法、免疫算法、蚁群算法、粒子群算法、模拟退火算法、禁忌搜索算法、神经网络算法和量子计算等结合起来所构成的各种混合遗传算法，可以综合遗传算法和其他算法的优点，提高运行效率和求解质量。

2.3 遗传算法流程

遗传算法使用群体搜索技术，通过对当前种群施加选择、交叉、变异等一系列遗传操作，从而产生出新一代的种群，并逐步使种群进化到包含或接近最优解的状态。

在遗传算法中，将 n 维决策向量 $\boldsymbol{X}=[x_1,x_2,\cdots,x_n]^\mathrm{T}$ 用 n 个记号 $X_i(i=1,2,\cdots,n)$ 所组成的符号串 X 来表示：

$$X = X_1 X_2 \cdots X_n \Rightarrow \boldsymbol{X} = [x_1, x_2, \cdots, x_n]^T \tag{2.2}$$

把每一个 X_i 看作一个遗传基因，它的所有可能取值就称为等位基因，这样，X 就可看作由 n 个遗传基因所组成的一个染色体。一般情况下，染色体的长度是固定的，但对一些问题来说它也可以是变化的。根据不同的情况，这里的等位基因可以是一组整数，也可以是某一范围内的实数，或者是一个纯粹的记号。最简单的等位基因是由 0 或 1 的符号串组成的，相应的染色体就可以表示为一个二进制符号串。这种编码所形成的排列形式是个体的基因型，与它对应的 X 值是个体的表现型。染色体 X 也称为个体 X，对于每一个个体 X，要按照一定的规则确定其适应度。个体的适应度与其对应的个体表现型 X 的目标函数值相关联，X 越接近于目标函数的最优点，其适应度越大；反之，其适应度越小。

在遗传算法中，决策向量 $\boldsymbol{X}$ 组成了问题的解空间。对问题最优解的搜索是通过对染色体 X 的搜索过程来完成的，因而所有的染色体 X 就组成了问题的搜索空间。

生物的进化过程主要是通过染色体之间的交叉和染色体基因的变异来完成的。与此相对应，遗传算法中最优解的搜索过程正是模仿生物的这个进化过程，进行反复迭代，从第 t 代种群 $P(t)$，经过一代遗传和进化后，得到第 $t+1$ 代种群 $P(t+1)$。这个种群不断地经过遗传和进化操作，并且每次都按照优胜劣汰的规则将适应度较高的个体更多地遗传到下一代，这样最终在种群中将会得到一个优良的个体 X，达到或接近于问题的最优解。

遗传算法的运算流程如图 2.1 所示，具体步骤如下：

（1）初始化，即创建初始种群。设置进化代数计数器 $g=0$，设置最大进化代数 G，随机生成 N_P 个个体作为初始种群 $P(0)$。

（2）个体评价，即计算种群 $P(t)$ 中各个个体的适应度。

（3）终止条件判断：若 $g \leqslant G$（不满足终止条件），则 $g = g+1$，转到步骤（4）；若 $g > G$，则此进化过程中所得到的具有最大适应度的个体作为最优解输出，终止计算。

（4）选择操作。将选择算子作用于种群，根据个体的适应度，按照一定的规则或方法，选择一些优良个体遗传到下一代种群。

（5）交叉操作。将交叉算子作用于种群，对选中的成对个体，以某一概率交换它们之间的部分染色体，产生新的个体。

（6）变异操作。将变异算子作用于种群，对选中的个体，以某一概率改变某一个或某一些基因值为其他的等位基因。

（7）循环操作。种群 $P(t)$ 经过选择、交叉和变异操作之后得到下一代种群 $P(t+1)$。计算其适应度值，并根据适应度值进行排序，准备进行下一次遗传操作。

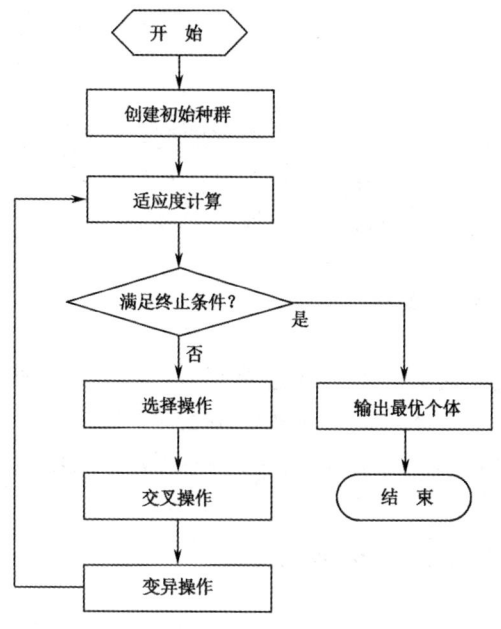

图 2.1 遗传算法的运算流程

2.4 关键参数说明

下面介绍一下遗传算法的主要参数，它在程序设计与调试中起着至关重要的作用。

种群规模 N_P

种群规模将影响遗传优化的最终结果以及遗传算法的执行效率。当种群规模 N_P 太小时，遗传优化性能一般不会太好。采用较大的种群规模可以减小遗传算法陷入局部最优解的机会，但较大的种群规模意味着计算复杂度较高。一般 N_P 取 10～200。

交叉概率 P_c

交叉概率 P_c 控制着交叉操作被使用的频度。较大的交叉概率可以增强遗传算法开辟新的搜索区域的能力，但高性能的模式遭到破坏的可能性增大；若交叉概率太低，遗传算法搜索可能陷入迟钝状态。一般 P_c 取 0.25～1.00。

变异概率 P_m

变异在遗传算法中属于辅助性的搜索操作,它的主要目的是保持种群的多样性。一般低频度的变异可防止种群中重要基因的可能丢失,高频度的变异将使遗传算法趋于纯粹的随机搜索。通常 P_m 取 $0.001\sim 0.1$。

遗传运算的终止进化代数 G

终止进化代数 G 是表示遗传算法运行结束条件的一个参数,它表示遗传算法运行到指定的进化代数之后就停止运行,并将当前种群中的最佳个体作为所求问题的最优解输出。一般视具体问题而定,G 的取值可在 $100\sim 1000$ 之间。

2.5 MATLAB 仿真实例

例 2.1 用标准遗传算法求函数 $f(x)=x+10\sin(5x)+7\cos(4x)$ 的最大值,其中 x 的取值范围为 $[0, 10]$。这是一个有多个局部极值的函数,其函数值图形如图 2.2 所示,其 MATLAB 实现程序如下:

```
%%%%%%%%%%f(x)=x+10sin(5x)+7cos(4x)%%%%%%%%%%
clear all;                    %清除所有变量
close all;                    %清图
clc;                          %清屏
x=0:0.01:10;
y=x+10*sin(5*x)+7*cos(4*x);
plot(x,y)
xlabel('x')
ylabel('f(x)')
title('f(x)=x+10sin(5x)+7cos(4x)')
```

解:仿真过程如下:

(1)初始化种群规模为 $N_P=50$,染色体二进制编码长度为 $L=20$,最大进化代数为 $G=100$,交叉概率为 $P_c=0.8$,变异概率为 $P_m=0.1$。

(2)产生初始种群,将二进制编码转换成十进制,计算个体适应度值,并进行归一化;采用基于轮盘赌的选择操作、基于概率的交叉和变异操作,产生新的种群,并把历代的最优个体保留在新种群中,进行下一步遗传操作。

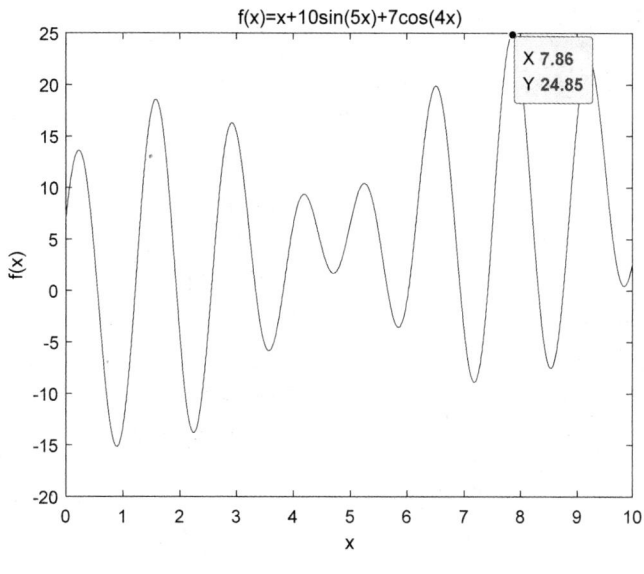

图 2.2 例 2.1 函数值图形

（3）判断是否满足终止条件：若满足，则结束搜索过程，输出优化值；若不满足，则继续进行迭代优化。

优化结束后，其适应度进化曲线如图 2.3 所示，优化结果为 $x = 7.8567$，函数 $f(x)$ 的最大值为 24.86。

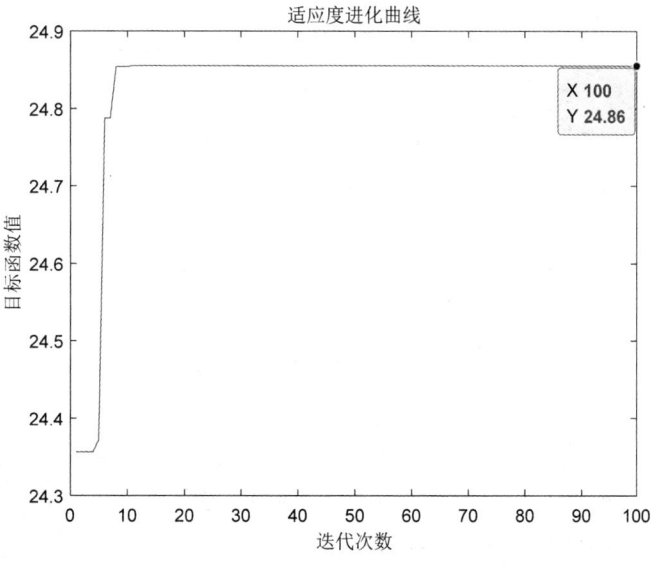

图 2.3 例 2.1 适应度进化曲线

MATLAB 源程序如下：

```matlab
%%%%%%%%%%%%%%%标准遗传算法求函数极值%%%%%%%%%%%%%%%
%%%%%%%%%%%%%%%%%%%%%初始化参数%%%%%%%%%%%%%%%%%%%%%
clear all;                  %清除所有变量
close all;                  %清图
clc;                        %清屏
NP = 50;                    %种群规模
L = 20;                     %二进制位串长度
Pc = 0.8;                   %交叉率
Pm = 0.1;                   %变异率
G = 100;                    %最大遗传代数
Xs = 10;                    %上限
Xx = 0;                     %下限
f = randi([0,1],NP,L);      %随机获得初始种群
%%%%%%%%%%%%%%%%%%%%%遗传算法循环%%%%%%%%%%%%%%%%%%%%%
for k = 1:G
    %%%%%%%%%%%将二进制解码为定义域范围内十进制%%%%%%%%%%
    for i = 1:NP
        U = f(i,:);
        m = 0;
        for j = 1:L
            m = U(j)*2^(j-1)+m;
        end
        x(i) = Xx+m*(Xs-Xx)/(2^L-1);
        Fit(i) = func1(x(i));
    end
    maxFit = max(Fit);                          %最大值
    minFit = min(Fit);                          %最小值
    rr = find(Fit==maxFit);
    fBest = f(rr(1,1),:);                       %历代最优个体
    xBest = x(rr(1,1));
    Fit = (Fit-minFit)/(maxFit-minFit);         %归一化适应度值
    %%%%%%%%%%%%%%%%基于轮盘赌的复制操作%%%%%%%%%%%%%%%%
    sum_Fit = sum(Fit);
    fitvalue = Fit./sum_Fit;
```

```matlab
        fitvalue = cumsum(fitvalue);
        ms = sort(rand(NP,1));
        fiti = 1;
        newi = 1;
        while newi <= NP
            if (ms(newi)) < fitvalue(fiti)
                nf(newi,:) = f(fiti,:);
                newi = newi+1;
            else
                fiti = fiti+1;
            end
        end
%%%%%%%%%%%%%%%基于概率的交叉操作%%%%%%%%%%%%%%
        for i = 1:2:NP
            p = rand;
            if p < Pc
                q = randi([0,1],1,L);
                for j = 1:L
                    if q(j)==1;
                        temp = nf(i+1,j);
                        nf(i+1,j) = nf(i,j);
                        nf(i,j) = temp;
                    end
                end
            end
        end
%%%%%%%%%%%%%%%基于概率的变异操作%%%%%%%%%%%%%%
        i = 1;
        while i <= round(NP*Pm)
            h = randi([1,NP],1,1);      %随机选取一个需要变异的染色体
            for j = 1:round(L*Pm)
                g = randi([1,L],1,1);   %随机选取需要变异的基因数
                nf(h,g) =~ nf(h,g);
            end
            i = i+1;
        end
```

```
            f = nf;
            f(1,:) = fBest;                    %将最优个体保留在新种群中
            trace(k) = maxFit;                 %历代最优适应度
        end
        xBest;                                 %最优个体
        figure
        plot(trace)
        xlabel('迭代次数')
        ylabel('目标函数值')
        title('适应度进化曲线')
        %%%%%%%%%%%%%%%%%%适应度函数%%%%%%%%%%%%%%%%%%
        function result = func1(x)
        fit = x+10*sin(5*x)+7*cos(4*x);
        result = fit;
```

例 2.2 计算函数 $f(x) = \sum_{i=1}^{n} x_i^2$ ($-10 \leq x_i \leq 10$) 的最小值，其中个体 x 的维数 $n = 10$。这是一个简单的平方和函数，只有一个极小点 $x = (0, 0, \cdots, 0)$，理论最小值 $f(0, 0, \cdots, 0) = 0$。

解：仿真过程如下：

（1）初始化种群规模为 $N_P = 100$，染色体基因维数为 $D = 10$，最大进化代数为 $G = 1000$，交叉概率为 $P_c = 0.8$，变异概率为 $P_m = 0.1$。

（2）产生初始种群，计算个体适应度值；进行实数编码的选择以及交叉和变异操作。选择和交叉操作采用"君主方案"，即在对种群根据适应度值高低进行排序的基础上，用最优个体与其他偶数位的所有个体进行交叉，每次交叉产生两个新的个体。在交叉过后，对新产生的种群进行多点变异产生子种群，再计算其适应度值，然后和父种群合并，并且根据适应度值进行排序，取前 N_P 个个体为新种群，进行下一次遗传操作。

（3）判断是否满足终止条件：若满足，则结束搜索过程，输出优化值；若不满足，则继续进行迭代优化。

优化结束后，其适应度进化曲线如图 2.4 所示，优化后的结果为 x = [0.0009 0.0017 0.0001 -0.0019 0.0005 0.0004 -0.0010 0.0034 0.0014 0.0001]，函数 $f(x)$ 的最小值为 2.2353×10^{-5}。

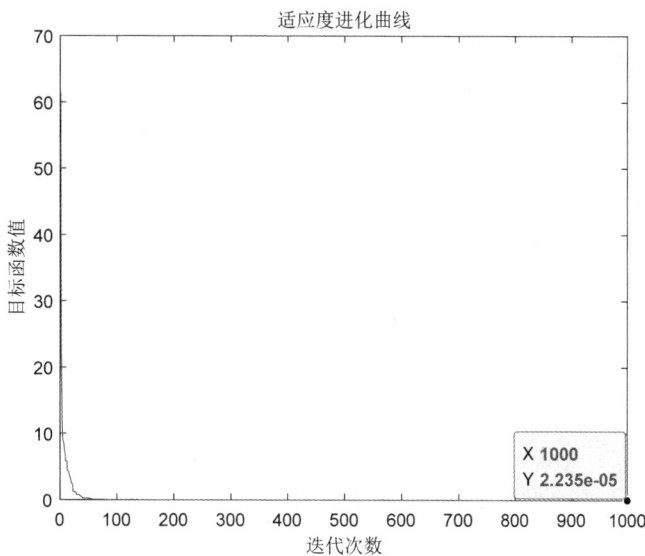

图 2.4 例 2.2 适应度进化曲线

MATLAB 源程序如下：

```
%%%%%%%%%%%%%%%%%实值遗传算法求函数极值%%%%%%%%%%%%%%%%%
%%%%%%%%%%%%%%%%%%%%%初始化%%%%%%%%%%%%%%%%%%%%%%%
clear all;                          %清除所有变量
close all;                          %清图
clc;                                %清屏
D = 10;                             %基因数目
NP = 100;                           %染色体数目
Xs = 10;                            %上限
Xx = -10;                           %下限
G = 1000;                           %最大遗传代数
f = zeros(D,NP);                    %初始种群赋空间
nf = zeros(D,NP);                   %子种群赋空间
Pc = 0.8;                           %交叉概率
Pm = 0.1;                           %变异概率
f = rand(D,NP)*(Xs-Xx)+Xx;          %随机获得初始种群
%%%%%%%%%%%%%%%%%按适应度升序排列%%%%%%%%%%%%%%%%%
for np = 1:NP
    FIT(np) = func2(f(:,np));
```

```matlab
        end
        [SortFIT,Index] = sort(FIT);
        Sortf = f(:,Index);
        %%%%%%%%%%%%%%%%%遗传算法循环%%%%%%%%%%%%%%%%%%%
        for gen = 1:G
            %%%%%%%%%%采用君主方案进行选择交叉操作%%%%%%%%%%%%
            Emper = Sortf(:,1);                     %君主染色体
            NoPoint = round(D*Pc);                  %每次交叉点的个数
            PoPoint = randi([1 D],NoPoint,NP/2);    %交叉基因的位置
            nf = Sortf;
            for i = 1:NP/2
                nf(:,2*i-1) = Emper;
                nf(:,2*i) = Sortf(:,2*i);
                for k = 1:NoPoint
                    nf(PoPoint(k,i),2*i-1) = nf(PoPoint(k,i),2*i);
                    nf(PoPoint(k,i),2*i) = Emper(PoPoint(k,i));
                end
            end
            %%%%%%%%%%%%%%%%%%变异操作%%%%%%%%%%%%%%%%%%%
            for m = 1:NP
                for n = 1:D
                    r = rand(1,1);
                    if r < Pm
                        nf(n,m) = rand(1,1)*(Xs-Xx)+Xx;
                    end
                end
            end
            %%%%%%%%%%%%%子种群按适应度升序排列%%%%%%%%%%%%%%
            for np = 1:NP
                NFIT(np) = func2(nf(:,np));
            end
            [NSortFIT,Index] = sort(NFIT);
            NSortf = nf(:,Index);
            %%%%%%%%%%%%%%%%%产生新种群%%%%%%%%%%%%%%%%%%
            f1 = [Sortf,NSortf];                    %子代和父代合并
            FIT1 = [SortFIT,NSortFIT];              %子代和父代的适应度值合并
```

```
        [SortFIT1,Index] = sort(FIT1);        %适应度按升序排列
        Sortf1 = f1(:,Index);                 %按适应度排列个体
        SortFIT = SortFIT1(1:NP);             %取前 NP 个适应度值
        Sortf = Sortf1(:,1:NP);               %取前 NP 个个体
        trace(gen) = SortFIT(1);              %历代最优适应度值
end
Bestf = Sortf(:,1)                            %最优个体
trace(end);                                   %最优值
figure
plot(trace)
xlabel('迭代次数')
ylabel('目标函数值')
title('适应度进化曲线')
%%%%%%%%%%%%%%%%%%%适应度函数%%%%%%%%%%%%%%%%
function result = func2(x)
summ = sum(x.^2);
result = summ;
```

例 2.3 旅行商问题（TSP）。假设有一个旅行的商人要拜访全国 31 个省会城市，他需要选择所要走的路径，路径的限制是每个城市只能拜访一次，而且最后要回到原来出发的城市。对路径选择的要求是：所选路径的路程为所有路径之中的最小值。

全国 31 个省会城市的坐标为 [1304 2312; 3639 1315; 4177 2244; 3712 1399; 3488 1535; 3326 1556; 3238 1229; 4196 1004; 4312 790; 4386 570; 3007 1970; 2562 1756; 2788 1491; 2381 1676; 1332 695; 3715 1678; 3918 2179; 4061 2370; 3780 2212; 3676 2578; 4029 2838; 4263 2931; 3429 1908; 3507 2367; 3394 2643; 3439 3201; 2935 3240; 3140 3550; 2545 2357; 2778 2826; 2370 2975]。

解：仿真过程如下：

（1）初始化种群规模为 $N_P = 200$，染色体基因维数为 $N = 31$，最大进化代数为 $G = 1000$。

（2）产生初始种群，计算个体适应度值，即路径长度；采用基于概率的方式选择进行操作的个体；对选中的成对个体，随机交叉所选中的成对城市坐标，以确保交叉后路径每个城市只到访一次；对选中的单个个体，随机交换其一对城市坐标作为变异操作，产生新的种群，进行下一次遗传操作。

（3）判断是否满足终止条件：若满足，则结束搜索过程，输出优化值；若不满足，则继续进行迭代优化。

优化后的路径如图 2.5 所示(其中 x、y 是由经纬度转换得到的城市平面坐标),其适应度进化曲线如图 2.6 所示。

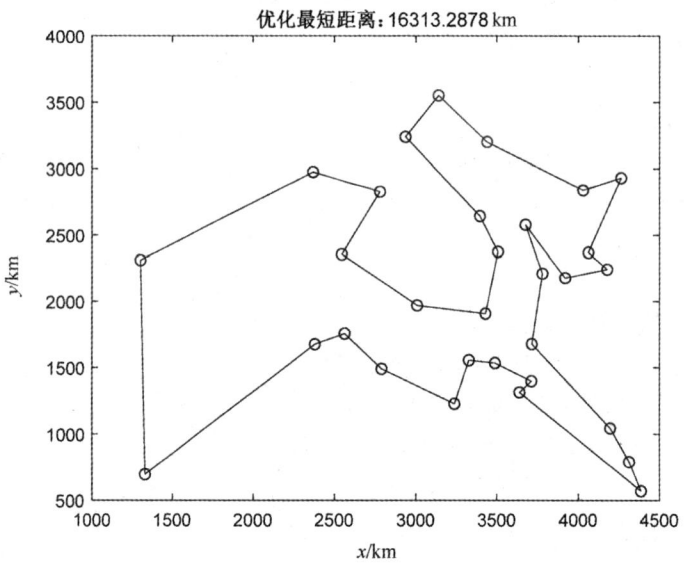

图 2.5　例 2.3 优化后的路径

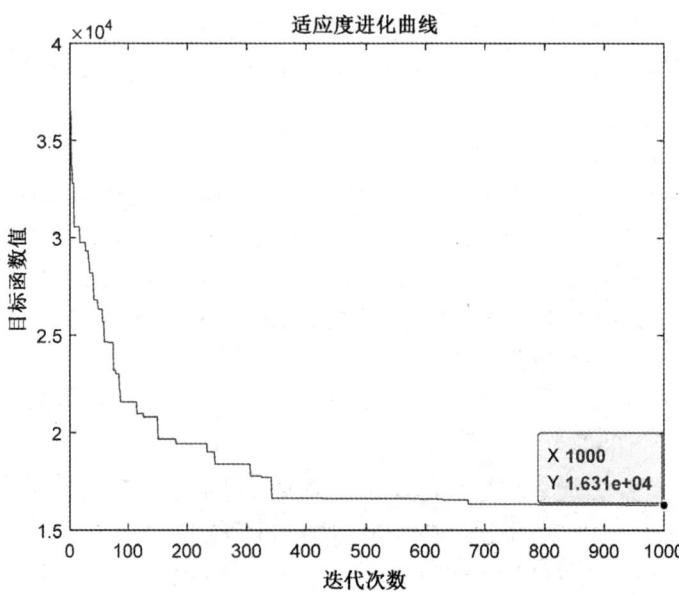

图 2.6　例 2.3 适应度进化曲线

第 2 章 遗传算法

MATLAB 源程序如下:

```
%%%%%%%%%%%%%%%遗传算法解决TSP%%%%%%%%%%%%%%%%%
clear all;                           %清除所有变量
close all;                           %清图
clc;                                 %清屏
C = [1304 2312;3639 1315;4177 2244;3712 1399;3488 1535;3326 1556;...
    3238 1229;4196 1044;4312 790;4386 570;3007 1970;2562 1756;...
    2788 1491;2381 1676;1332 695;3715 1678;3918 2179;4061 2370;...
    3780 2212;3676 2578;4029 2838;4263 2931;3429 1908;3507 2376;...
    3394 2643;3439 3201;2935 3240;3140 3550;2545 2357;2778 2826;...
    2370 2975];                      %31个省会城市坐标
N = size(C,1);                       %TSP的规模,即城市数目
D = zeros(N);                        %任意两个城市距离间隔矩阵
%%%%%%%%%%%%求任意两个城市距离间隔矩阵%%%%%%%%%%%%%%%
for i = 1:N
    for j = 1:N
        D(i,j) = ((C(i,1)-C(j,1))^2+(C(i,2)-C(j,2))^2)^0.5;
    end
end
NP = 200;                            %种群规模
G = 1000;                            %最大遗传代数
f = zeros(NP,N);                     %用于存储种群
F = [];                              %种群更新中间存储
for i = 1:NP
    f(i,:) = randperm(N);            %随机生成初始种群
end
R = f(1,:);                          %存储最优种群
len = zeros(NP,1);                   %存储路径长度
fitness = zeros(NP,1);               %存储归一化适应值
gen = 0;
%%%%%%%%%%%%%%%%%%遗传算法循环%%%%%%%%%%%%%%%%%%%
while gen < G
    %%%%%%%%%%%%%%%计算路径长度%%%%%%%%%%%%%%%%%
    for i = 1:NP
        len(i,1) = D(f(i,N),f(i,1));
        for j = 1:(N-1)
```

```matlab
            len(i,1) = len(i,1)+D(f(i,j),f(i,j+1));
        end
end
maxlen = max(len);                  %最长路径
minlen = min(len);                  %最短路径
%%%%%%%%%%%%%%%%更新最短路径%%%%%%%%%%%%%%%%%
rr = find(len==minlen);
R = f(rr(1,1),:);
%%%%%%%%%%%%%%%%计算归一化适应值%%%%%%%%%%%%%%%
for i = 1:length(len)
    fitness(i,1) = (1-((len(i,1)-minlen)/(maxlen-minlen+0.001)));
end
%%%%%%%%%%%%%%%%%选择操作%%%%%%%%%%%%%%%%%%
nn = 0;
for i = 1:NP
    if fitness(i,1) >= rand
        nn = nn+1;
        F(nn,:) = f(i,:);
    end
end
[aa,bb] = size(F);
while aa < NP
    nnper = randperm(nn);
    A = F(nnper(1),:);
    B = F(nnper(2),:);
    %%%%%%%%%%%%%%%%%交叉操作%%%%%%%%%%%%%%%%%%
    W = ceil(N/10);                 %交叉点个数
    p = unidrnd(N-W+1);             %随机选择交叉范围,从p到p+W
    for i = 1:W
        x = find(A==B(p+i-1));
        y = find(B==A(p+i-1));
        temp = A(p+i-1);
        A(p+i-1) = B(p+i-1);
        B(p+i-1) = temp;
        temp = A(x);
        A(x) = B(y);
        B(y) = temp;
```

```
            end
            %%%%%%%%%%%%%%%%%变异操作%%%%%%%%%%%%%%
            p1 = floor(1+N*rand());
            p2 = floor(1+N*rand());
            while p1==p2
                p1 = floor(1+N*rand());
                p2 = floor(1+N*rand());
            end
            tmp = A(p1);
            A(p1) = A(p2);
            A(p2) = tmp;
            tmp = B(p1);
            B(p1) = B(p2);
            B(p2) = tmp;
            F = [F;A;B];
            [aa,bb] = size(F);
        end
        if aa > NP
            F = F(1:NP,:);                  %保持种群规模为NP
        end
        f = F;                              %更新种群
        f(1,:) = R;                         %保留每代最优个体
        clear F;
        gen = gen+1
        Rlength(gen) = minlen;
end
figure
for i = 1:N-1
    plot([C(R(i),1),C(R(i+1),1)],[C(R(i),2),C(R(i+1),2)],'bo-');
    hold on;
end
plot([C(R(N),1),C(R(1),1)],[C(R(N),2),C(R(1),2)],'ro-');
title(['优化最短距离:',num2str(minlen)]);
figure
plot(Rlength)
xlabel('迭代次数')
ylabel('目标函数值')
title('适应度进化曲线')
```

例 2.4 0-1 背包问题。有 N 件物品和一个容量为 V 的背包。第 i 件物品的体积是 $c(i)$，价值是 $w(i)$。求解将哪些物品放入背包可使物品的体积总和不超过背包的容量，且价值总和最大。假设物品数量为 10，背包的容量为 300。每件物品的体积为[95，75，23，73，50，22，6，57，89，98]，价值为[89，59，19，43，100，72，44，16，7，64]。

解：仿真过程如下：

（1）初始化种群规模为 $N_P = 50$，染色体基因维数为 $L = 10$，最大进化代数为 $G = 100$。

（2）产生二进制初始种群，其中 1 表示选择该物品，0 表示不选择该物品。取适应度值为选择物品的价值总和，计算个体适应度值，当物品体积总和大于背包容量时，对适应度值进行惩罚计算。

（3）对适应度进行归一化，采用基于轮盘赌的选择操作、基于概率的交叉和变异操作，产生新的种群，并把历代的最优个体保留在新种群中，进行下一步遗传操作。

（4）判断是否满足终止条件：若满足，则结束搜索过程，输出优化值；若不满足，则继续进行迭代优化。

优化结果为[1 0 1 0 1 1 1 0 0 1]，1 表示选择相应物品，0 表示不选择相应物品，价值总和为 388。其适应度进化曲线如图 2.7 所示。

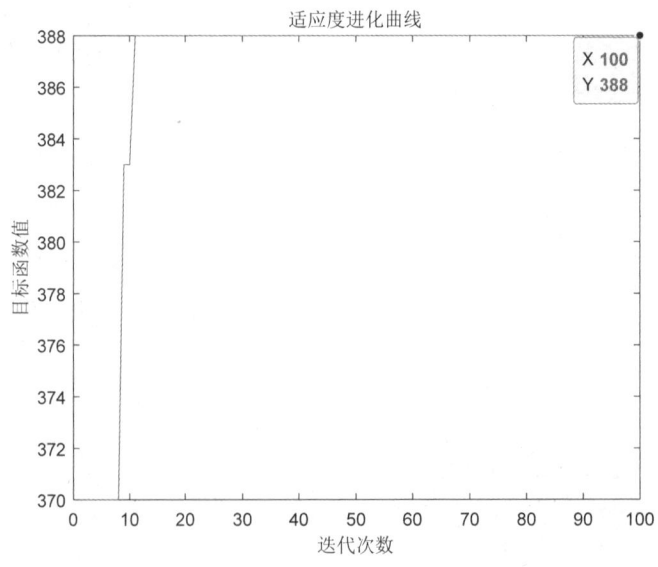

图 2.7 例 2.4 适应度进化曲线

MATLAB 源程序如下：

```matlab
%%%%%%%%%%%%%%%遗传算法解决 0-1 背包问题%%%%%%%%%%%%%
%%%%%%%%%%%%%%%%%%%%%初始化参数%%%%%%%%%%%%%%%%%%%%%
clear all;                          %清除所有变量
close all;                          %清图
clc;                                %清屏
NP = 50;                            %种群规模
L = 10;                             %物品件数
Pc = 0.8;                           %交叉率
Pm = 0.05;                          %变异率
G = 100;                            %最大遗传代数
V = 300;                            %背包容量
C = [95,75,23,73,50,22,6,57,89,98]; %物品体积
W = [89,59,19,43,100,72,44,16,7,64];%物品价值
afa = 2;                            %惩罚函数系数
f = randi([0,1],NP,L);              %随机获得初始种群
%%%%%%%%%%%%%%%%%%%%%%%遗传算法循环%%%%%%%%%%%%%%%%%%%%%
for k = 1:G
    %%%%%%%%%%%%%%%%%%%%%适应度计算%%%%%%%%%%%%%%%%%%%5%%%%
    for i = 1:NP
        Fit(i) = func4(f(i,:),C,W,V,afa);
    end
    maxFit = max(Fit);                       %最大值
    minFit = min(Fit);                       %最小值
    rr = find(Fit==maxFit);
    fBest = f(rr(1,1),:);                    %历代最优个体
    Fit = (Fit - minFit)/(maxFit - minFit);  %归一化适应度值
    %%%%%%%%%%%%%%基于轮盘赌的复制操作%%%%%%%%%%%%%%%%
    sum_Fit = sum(Fit);
    fitvalue = Fit./sum_Fit;
    fitvalue = cumsum(fitvalue);
    ms = sort(rand(NP,1));
    fiti = 1;
    newi = 1;
    while newi <= NP
```

```matlab
            if (ms(newi)) < fitvalue(fiti)
                nf(newi,:) = f(fiti,:);
                newi = newi + 1;
            else
                fiti = fiti + 1;
            end
        end
        %%%%%%%%%%%%%%%基于概率的交叉操作%%%%%%%%%%%%%%%
        for i = 1:2:NP
            p = rand;
            if p < Pc
                q = randi([0,1],1,L);
                for j = 1:L
                    if q(j)==1;
                        temp = nf(i + 1,j);
                        nf(i + 1,j) = nf(i,j);
                        nf(i,j) = temp;
                    end
                end
            end
        end
        %%%%%%%%%%%%%%%基于概率的变异操作%%%%%%%%%%%%%%%
        for m = 1:NP
            for n = 1:L
                r = rand(1,1);
                if r < Pm
                    nf(m,n) = ~nf(m,n);
                end
            end
        end
        f = nf;
        f(1,:) = fBest;                      %将最优个体保留在新种群中
        trace(k) = maxFit;                   %历代最优适应度
    end
    fBest;                                   %最优个体
    figure
```

```
plot(trace)
xlabel('迭代次数')
ylabel('目标函数值')
title('适应度进化曲线')
%%%%%%%%%%%%%%%%%%%%%适应度函数%%%%%%%%%%%%%%%%%%%%
function result = func4(f,C,W,V,afa)
fit = sum(f.*W);
TotalSize = sum(f.*C);
if TotalSize <= V
    fit = fit;
else
    fit = fit - afa * (TotalSize - V);
end
result = fit;
```

参考文献

[1] HOLLAND J H. Adaptation in natural and artificial systems [M]. Ann Arbor: University of Michigan Press, 1975.

[2] DE JONG K A. An analysis of the behavior of a class of genetic adaptive system [D]. Ann Arbor, Michigan: University of Michigan, 1975.

[3] GOLDBERG D E. Genetic algorithms in search, optimization, and machine learning [M]. Addison-Wesley Publishing Company, INC, 1989.

[4] SCHRAUDOLPH N N, BELEW R K. Dynamic parameter encoding for genetic algorithms [J], Machine Learning, 1992, 9(1): 9-21.

[5] DAVIS L D. Handbook of genetic algorithms[M]. New York: Van Nostrand Reinhold, 1991.

[6] HOLLAND J H. Building blocks, cohort genetic algorithms, and hyperplane - defined functions, evolutionary computation[J]. Massachusetts Institute of Technology, 2000: 373-391.

[7] 梁旭, 黄明, 宁涛, 等. 现代智能优化混合算法及其应用（第二版）[M]. 北京: 电子工业出版社, 2014: 42-51.

[8] HOLLAND J H. Adaptation in natural and artificial systems[M]. Cambridge, Massachusetts: MIT Press, 1992.

[9] BAGLEY J D. The behavior of adaptive systems which employ genetic and

correlation algorithms[D]. Ann Arbor, Michigan: University of Michigan, 1967.

[10] ROSENBERG R S. Simulation of genetic populations with biochemical properties[D] . Ann Arbor, Michigan: University of Michigan, 1967.

[11] 雷英杰, 张善文. MATLAB 遗传算法工具箱及应用[M]. 2 版. 西安：西安电子科技大学出版社，2014: 45-60.

[12] YUAN Xiaoyan, CAO Ling, XIA Liangzheng. Adaptive genetic algorithm with the criterion of premature convergence[J]. Journal of Southeast University (English Edition), 2003, 19(1): 40-43.

[13] RUDOLPH G. Convergence analysis of canonical genetic algorithms[J]. IEEE Transactions on Neural Networks, 1994, 5(l): 96-101.

[14] GLODBERG D E，Riehardson J. Genetic algorithms with sharing for multimodal function optimization[C]. Conf. on Genetic Algorithms, Lawrence Erlbaum Associates, 1987: 41-49.

[15] MAHOFUD S W, GLODBERG D E. A genetic algorithm for parallel simulated annealing[C]. Parallel Problem Solving from Nature 2, North Holland, 1992: 301-310.

第 3 章
差分进化算法

3.1 引言

在遗传、选择和变异的作用下,自然界生物体优胜劣汰,不断由低级向高级进化和发展。人们注意到,适者生存的进化规律可以模式化,从而构成一些优化算法;近年来发展的进化计算类算法受到了广泛的关注。

差分进化(Differential Evolution,DE)算法是由 Storn 等人于 1995 年提出的,其最初的设想是用于解决切比雪夫多项式问题,后来发现它也是解决复杂优化问题的有效技术。

差分进化算法是一种新兴的进化计算技术[1],它基于群智能理论,是通过群体内个体间的合作与竞争而产生的智能优化搜索算法。但相比于进化计算,它保留了基于种群的全局搜索策略,采用实数编码、基于差分的简单变异操作和"一对一"的竞争生存策略,降低了进化计算操作的复杂性。同时,差分进化算法特有的记忆能力使其可以动态跟踪当前的搜索情况,以调整其搜索策略,它具有较强的全局收敛能力和鲁棒性(也称稳健性),且不需要借助问题的特征信息,适用于求解一些利用常规的数学规划方法很难求解甚至无法求解的复杂优化问题[2-5]。因此,差分进化算法作为一种高效的并行搜索算法,对其进行理论和应用研究具有重要的学术意义和工程价值。

目前,差分进化算法已经在许多领域得到了应用,如人工神经元网络、电力、机械设计、机器人、信号处理、生物信息、经济学、现代农业和运筹学等。然而,尽管差分进化算法获得了广泛研究,但相对于其他进化算法而言,其研究成果相当分散，缺乏系统性，尤其在理论方面还没有重大突破。

3.2 差分进化算法理论

3.2.1 差分进化算法原理

差分进化算法是一种随机的启发式搜索算法，简单易用，有较强的鲁棒性和全局寻优能力。它从数学角度看是一种随机搜索算法，从工程角度看是一种自适应的迭代寻优过程。除了具有较好的收敛性外，差分进化算法非常易于理解与执行，它只包含不多的几个控制参数，并且在整个迭代过程中，这些参数的值可以保持不变。

差分进化算法是一种自组织最小化方法，用户只需很少的输入。它的关键思想与传统进化方法不同：传统方法是用预先确定的概率分布函数决定向量扰动；而差分进化算法的自组织程序利用种群中两个随机选择的不同向量来干扰一个现有向量，种群中的每一个向量都要进行干扰。差分进化算法利用一个向量种群，其中向量的随机扰动可独立进行，因此是并行的。如果新向量对应函数值的代价比它们前辈的代价小，就将它们取代前辈向量。

同其他进化算法一样，差分进化算法也是对候选解的种群进行操作，但其种群繁殖方案与其他进化算法不同：它通过把种群中两个成员之间的加权差向量加到第三个成员上来产生新的参数向量，该操作称为"变异"；然后将变异向量的参数与另外预先确定的目标向量参数按一定规则混合来产生试验向量，该操作称为"交叉"；最后，若试验向量的代价函数比目标向量的代价函数低，试验向量就在下一代中代替目标向量，该操作称为"选择"。种群中所有成员都必须当作目标向量进行一次这样的操作，以便在下一代中出现相同个数的竞争者。在进化过程中每一代的最佳参数向量都进行评价，以记录最小化过程。这样利用随机偏差扰动产生新个体的方式，可以获得一个收敛性非常好的结果，引导搜索过程向全局最优解逼近[6-7]。

3.2.2 差分进化算法的特点

差分进化算法从提出到现在，在短短三十年内人们对其进行了广泛的研究并取得了成功的应用。该算法主要有如下特点：

（1）结构简单，容易使用。差分进化算法主要通过差分变异算子来进行遗传操作，由于该算子只涉及向量的加减运算，因此很容易实现；该算法采用概率转移规则，不需要确定性的规则。此外，差分进化算法的控制参数少，这些参数对算法性能的影响已经得到了一定的研究，并得出了一些指导性的建议，因而可以方便使用人员根据问题选择较优的参数设置。

（2）性能优越。差分进化算法具有较好的可靠性、高效性和鲁棒性，对于大空间、非线性和不可求导的连续问题，其求解效率比其他进化方法好，而且很多学者还在对差分进化算法继续改良，以不断提高其性能。

（3）自适应性。差分进化算法的差分变异算子可以是固定常数，也可以具有变异步长和搜索方向自适应的能力，根据不同目标函数进行自动调整，从而提高搜索质量。

（4）并行性。差分进化算法具有内在的并行性，可协同搜索，具有利用个体局部信息和群体全局信息指导算法进一步搜索的能力。在同样精度要求下，差分进化算法具有更快的收敛速度。

（5）通用性。差分进化算法可直接对结构对象进行操作，不依赖于问题信息，不存在对目标函数的限定。算法操作十分简单，易于编程实现，尤其利于求解高维的函数优化问题。

3.3 差分进化算法种类

3.3.1 基本差分进化算法

基本差分进化算法的操作程序如下[8]：
（1）初始化；
（2）变异；
（3）交叉；
（4）选择；
（5）边界条件处理。

初始化

差分进化算法利用 N_P 个维数为 D 的实数值参数向量，将它们作为每一代的种群，种群中每个个体表示为

$$\bm{x}_{i,G}(i=1,2,\cdots,N_P) \tag{3.1}$$

式中：i 表示个体在种群中的序列；G 表示进化代数；N_P 表示种群规模，在最小化过程中 N_P 保持不变。

为了建立优化搜索的初始点，种群必须被初始化。通常，寻找初始种群的方法是从给定边界约束内的值中随机选择。在差分进化算法研究中，一般假定所有随机初始化种群均符合均匀概率分布。设参数变量的界限为 $x_j^{(L)} < x_j < x_j^{(U)}$，则

$$x_{ji,0} = \text{rand}[0,1] \cdot (x_j^{(U)} - x_j^{(L)}) + x_j^{(L)} \quad (i=1,2,\cdots,N_P; j=1,2,\cdots,D) \quad (3.2)$$

式中，rand[0, 1] 表示在[0, 1]之间产生的均匀随机数。如果可以预先得到问题的初步解，则初始种群也可以通过对初步解加入正态分布随机偏差来产生，这样可以提高重建效果。

变异

对于每个目标向量 $x_{i,G}$ ($i = 1, 2, \cdots, N_P$)，基本差分进化算法的变异向量由下式产生：

$$v_{i,G+1} = x_{r_1,G} + F \cdot (x_{r_2,G} - x_{r_3,G}) \quad (3.3)$$

式中：随机选择的序号 r_1、r_2 和 r_3 互不相同，且 r_1、r_2 和 r_3 与目标向量序号 i 也不相同，所以必须满足 $N_P \geqslant 4$；F 为变异算子，$F \in [0, 2]$，它是一个实常数因数。

交叉

为了增加干扰参数向量的多样性，引入交叉操作，则试验向量可表示为

$$u_{i,G+1} = (u_{1i,G+1}, u_{2i,G+1}, \cdots, u_{Di,G+1}) \quad (3.4)$$

$$u_{ji,G+1} = \begin{cases} v_{ji,G+1}, & \text{若 randb}(j) \leqslant \text{CR 或 } j = \text{rnbr}(i) \\ x_{ji,G+1}, & \text{若 randb}(j) > \text{CR 且 } j \neq \text{rnbr}(i) \end{cases}$$

$$(i=1,2,\cdots,NP; j=1,2,\cdots,D) \quad (3.5)$$

式中：randb(j)表示产生[0, 1]之间随机数发生器的第 j 个估计值；rnbr(i)∈(1, 2, …, D)表示一个随机选择的序列，用它来确保 $u_{i,G+1}$ 至少从 $v_{i,G+1}$ 获得一个参数；CR 表示交叉算子，其取值范围为[0, 1]。

选择

为决定试验向量 $u_{i,G+1}$ 是否会成为下一代中的成员，差分进化算法按照贪婪准则将试验向量与当前种群中的目标向量 $x_{i,G}$ 进行比较。如果目标函数被最小化，那么具有较小目标函数值的向量将在下一代种群中出现。下一代中的所有个体都比当前种群的对应个体更佳或者至少一样好。注意：在差分进化算法选

择程序中，试验向量只与一个个体相比较，而不是与现有种群中的所有个体相比较。

边界条件的处理

在有边界约束的问题中，必须保证新产生个体的参数值位于问题的可行域中，一种简单的方法是将不符合边界约束的新个体用在可行域中随机产生的参数向量代替，即：若 $u_{ji,G+1} < x_j^{(L)}$ 或 $u_{ji,G+1} > x_j^{(U)}$，那么

$$u_{ji,G+1} = \text{rand}[0, 1] \cdot (x_j^{(U)} - x_j^{(L)}) + x_j^{(L)} \qquad (i = 1, 2, \cdots, N_P; j = 1, 2, \cdots, D) \qquad (3.6)$$

另一种方法是进行边界吸收处理，即将超过边界约束的个体值设置为邻近的边界值。

3.3.2 差分进化算法的其他形式

上面阐述的是最基本的差分进化算法操作程序，实际应用中还发展了差分进化算法的几个变形形式，用符号 DE/x/y/z 加以区分，其中：x 限定当前被变异的向量是"随机的"或"最佳的"；y 是所利用的差向量的个数；z 指示交叉程序的操作方法。前面叙述的交叉操作表示为"bin"。利用这个表示方法，基本差分进化算法策略可描述为 DE/rand/1/bin。

还有其他形式[5]，如：

（1）DE/best/1/bin，其中

$$v_{i,G+1} = x_{\text{best},G} + F \cdot (x_{r_1,G} - x_{r_2,G}) \qquad (3.7)$$

（2）DE/rand-to-best/1/bin，其中

$$v_{i,G+1} = x_{i,G} + \lambda \cdot (x_{\text{best},G} - x_{i,G}) + F \cdot (x_{r_1,G} - x_{r_2,G}) \qquad (3.8)$$

（3）DE/best/2/bin，其中

$$v_{i,G+1} = x_{\text{best},G} + F \cdot (x_{r_1,G} - x_{r_2,G} + x_{r_3,G} - x_{r_4,G}) \qquad (3.9)$$

（4）DE/rand/2/bin，其中

$$v_{i,G+1} = x_{r_5,G} + F \cdot (x_{r_1,G} - x_{r_2,G} + x_{r_3,G} - x_{r_4,G}) \qquad (3.10)$$

还有在交叉操作中利用指数交叉的情况，如 DE/rand/l/exp，DE/best/l/exp，DE/rand-to-best/l/exp，DE/best/2/exp 等。

3.3.3 改进的差分进化算法

自适应差分进化算法

作为一种高效的并行优化算法,差分进化算法发展很快,出现了很多改进的差分进化算法。下面介绍一种具有自适应算子的差分进化算法[9]。

基本差分进化算法在搜索过程中变异算子取为实常数,实施中变异算子较难确定:变异率太大,算法搜索效率低下,所求得的全局最优解精度低;变异率太小,则种群多样性降低,易出现"早熟"现象。因此可设计具有自适应变异算子的差分进化算法,根据算法搜索进展情况,自适应变异算子可设计如下:

$$\lambda = e^{1-\frac{G_m}{G_m+1-G}}, \quad F = F_0 \times 2^\lambda \tag{3.11}$$

式中,F_0 表示变异算子,G_m 表示最大进化代数,G 表示当前进化代数。在算法开始时自适应变异算子为 $2F_0$,具有较大值,在初期保持个体多样性,避免"早熟";随着算法的进展,变异算子逐步降低,到后期变异率接近 F_0,保留优良信息,避免最优解遭到破坏,增加搜索到全局最优解的概率。

还可设计一个随机范围的交叉算子 CR:$0.5\times[1+\text{rand}(0,1)]$,这样交叉算子的平均值保持在 0.75,考虑到了差分向量放大中可能的随机变化,有助于在搜索过程中保持种群多样性。

离散差分进化算法

差分进化算法采用浮点数编码,在连续空间进行优化计算,是一种求解实数变量优化问题的有效方法。要将差分进化算法用于求解整数规划或混合整数规划问题,必须对差分进化算法进行改进。差分进化算法的基本操作包括变异操作、交叉操作和选择操作,与其他进化算法一样也是依据适应度值大小进行操作。根据差分进化算法的特点,只要对变异操作进行改进就可以将差分进化算法用于整数规划和混合整数规划。对于整数变量,可对差分进化算法变异操作中的差分矢量进行向下取整运算,从而保证整数变量直接在整数空间进行寻优[10, 11],即

$$v_{i,G+1} = \text{floor}\left[x_{r_1,G} + F \cdot (x_{r_2,G} - x_{r_3,G})\right] \tag{3.12}$$

式中,floor() 表示向下取整。

3.4 差分进化算法流程

差分进化算法采用实数编码、基于差分的简单变异操作和"一对一"的竞争生存策略,其具体步骤如下:

(1) 确定差分进化算法的控制参数和所要采用的具体策略。差分进化算法的控制参数包括:种群规模、变异算子、交叉算子、最大进化代数、终止条件等。

(2) 随机产生初始种群,进化代数 $k=1$。

(3) 对初始种群进行评价,即计算初始种群中每个个体的目标函数值。

(4) 判断是否达到终止条件或达到最大进化代数:若是,则进化终止,将此时的最佳个体作为最优解输出;否则,继续下一步操作。

(5) 进行变异操作和交叉操作,对边界条件进行处理,得到临时种群。

(6) 对临时种群进行评价,计算临时种群中每个个体的目标函数值。

(7) 对临时种群中的个体和原种群中对应的个体,进行"一对一"的选择操作,得到新种群。

(8) 进化代数 $k=k+1$,转至步骤(4)。

差分进化算法运算流程如图 3.1 所示。

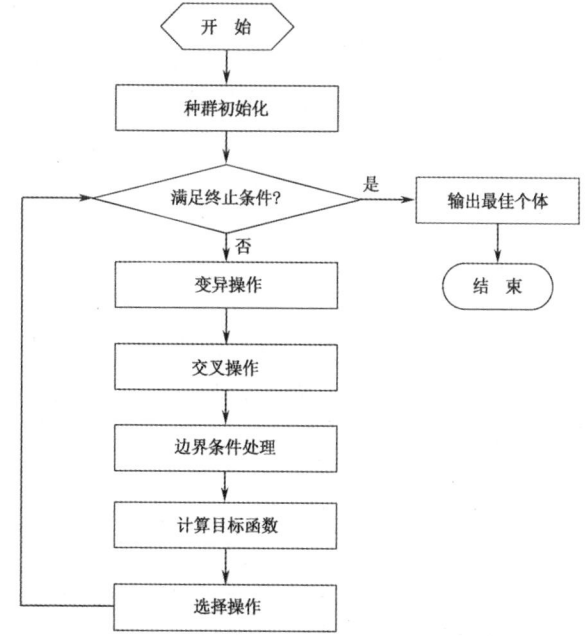

图 3.1 差分进化算法的运算流程

3.5 关键参数的说明

控制参数对一个全局优化算法的影响是很大的,差分进化算法的控制变量选择也有一些经验规则。

种群规模 N_P

一般情况下,种群的规模 N_P 越大,其中的个体就越多,种群的多样性也就越好,寻优的能力也就越强,但也因此增加了计算的难度,所以 N_P 不能无限大。根据经验,种群规模 N_P 的合理选择是在 $5D\sim10D$ 之间,必须满足 $N_P \geq 4$,以确保差分进化算法具有足够的不同变异向量。

变异算子 F

变异算子 $F\in[0,2]$ 是一个实常数因数,它决定偏差向量的缩放比例。变异算子 F 过小,则可能造成算法"早熟"。随着 F 值的增大,防止算法陷入局部最优的能力增强,但当 $F>1$ 时,想要算法快速收敛到最优值会变得很困难;这是因为当差分向量的扰动大于两个个体之间的距离时,种群的收敛性会变得很差。目前的研究表明,F 小于 0.4 和大于 1 的值仅偶尔有效,$F=0.5$ 通常是一个较好的初始选择。若种群过早收敛,那么 F 或 N_P 应该增大。

交叉算子 CR

交叉算子 CR 是一个范围在 $[0,1]$ 内的实数,它控制着一个试验向量参数来自随机选择的变异向量而不是原来向量的概率。交叉算子 CR 越大,发生交叉的可能性就越大。CR 的一个较好的选择是 0.1,但较大的 CR 通常会加速收敛,为了看看是否可能获得一个快速解,可以先尝试 CR 取 $0.9\sim1.0$。

最大进化代数 G

最大进化代数 G 是表示差分进化算法运行结束条件的一个参数,表示差分进化算法运行到指定的进化代数之后就停止运行,并将当前群体中的最佳个体作为所求问题的最优解输出。一般,G 取 $100\sim500$。

终止条件

除最大进化代数可作为差分进化算法的终止条件外，还可以增加其他判定准则。一般当目标函数值小于阈值时程序终止，阈值常选为10^{-6}。

上述参数中，F、CR 与 N_P 一样，在搜索过程中是常数，一般 F 和 CR 影响搜索过程的收敛速度和鲁棒性，它们的优化值不仅依赖于目标函数的特性，还与 N_P 有关。通常可通过对不同值做一些试验之后，利用试验和结果误差找到 F、CR 和 N_P 的合适值。

3.6 MATLAB 仿真实例

例 3.1 计算函数 $f(x) = \sum_{i=1}^{n} x_i^2$ ($-10 \leqslant x_i \leqslant 10$) 的最小值，其中个体 x 的维数 $n = 10$。这是一个简单的平方和函数，只有一个极小点 $x = (0, 0, \cdots, 0)$，理论最小值 $f(0, 0, \cdots, 0) = 0$。

解：仿真过程如下：

（1）初始化个体数目（种群规模）为 $N_P = 50$，变量维数为 $D = 10$，最大进化代数为 $G = 200$，初始变异算子 $F_0 = 0.4$，交叉算子 CR = 0.1，阈值 $yz = 10^{-6}$。

（2）产生初始种群，计算个体目标函数；进行变异操作、交叉操作、边界条件处理，产生临时种群，其中变异操作采用自适应变异算子，边界条件处理采用在可行域中随机产生参数向量的方式。

（3）计算临时种群个体目标函数，与原种群对应个体进行"一对一"选择操作，产生新种群。

（4）判断是否满足终止条件：若满足，则结束搜索过程，输出优化值；若不满足，则继续进行迭代优化。

优化结束后，DE 目标函数曲线如图 3.2 所示，优化后的结果为 x = [-0.022 3.653 1.047 4.476 -2.078 2.039 3.364 -0.440 9.430 -3.046] $\times 10^{-4}$，函数 $f(x)$ 的最小值为 1.527×10^{-6}。

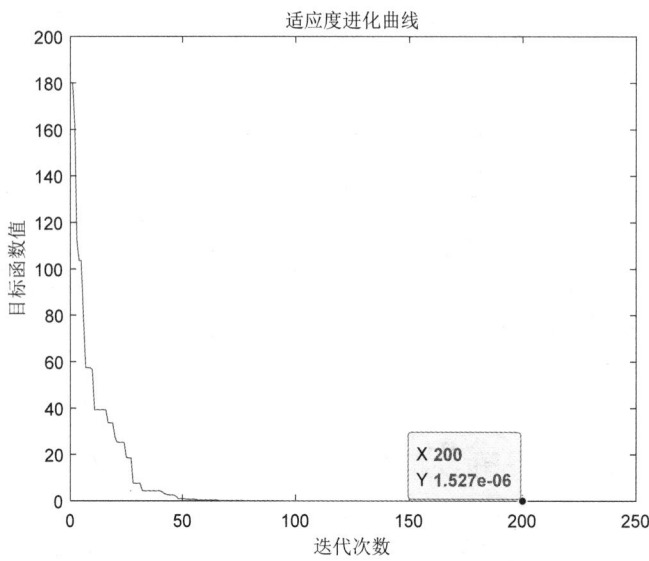

图 3.2　例 3.1 的 DE 目标函数曲线

MATLAB 源程序如下：

```
%%%%%%%%%%%%%%%差分进化算法求函数极值%%%%%%%%%%%%%%%
%%%%%%%%%%%%%%%%%%初始化%%%%%%%%%%%%%%%%%%%
clear all;                      %清除所有变量
close all;                      %清图
clc;                            %清屏
NP = 50;                        %种群规模
D = 10;                         %变量的维数
G = 200;                        %最大进化代数
F0 = 0.4;                       %初始变异算子
CR = 0.1;                       %交叉算子
Xs = 10;                        %上限
Xx = -10;                       %下限
yz = 10^-6;                     %阈值
%%%%%%%%%%%%%%%%%%%%赋初值%%%%%%%%%%%%%%%%%%%
x = zeros(D,NP);                %初始种群
v = zeros(D,NP);                %变异种群
u = zeros(D,NP);                %选择种群
x = rand(D,NP)*(Xs-Xx)+Xx;      %赋初值
```

```matlab
%%%%%%%%%%%%%%%%%计算目标函数%%%%%%%%%%%%%%%%%%%
for m = 1:NP
    Ob(m) = func1(x(:,m));
end
trace(1) = min(Ob);
%%%%%%%%%%%%%%%%%差分进化循环%%%%%%%%%%%%%%%%%%%
for gen = 1:G
    %%%%%%%%%%%%%%%%%变异操作%%%%%%%%%%%%%%%%%%%
    %%%%%%%%%%%%%%%%%自适应变异算子%%%%%%%%%%%%%%%%%%%
    lamda = exp(1-G/(G+1-gen));
    F = F0*2^(lamda);
    %%%%%%%%%%%%%%%%%r1,r2,r3 和 m 互不相同%%%%%%%%%%%%%%%%%%%
    for m = 1:NP
        r1 = randi([1,NP],1,1);
        while (r1==m)
            r1 = randi([1,NP],1,1);
        end
        r2 = randi([1,NP],1,1);
        while (r2==m) | (r2==r1)
            r2 = randi([1,NP],1,1);
        end
        r3 = randi([1,NP],1,1);
        while (r3==m) | (r3==r1) | (r3==r2)
            r3 = randi([1,NP],1,1);
        end
        v(:,m) = x(:,r1)+F*(x(:,r2)-x(:,r3));
    end
    %%%%%%%%%%%%%%%%%交叉操作%%%%%%%%%%%%%%%%%%%
    r = randi([1,D],1,1);
    for n = 1:D
        cr = rand(1);
        if (cr <= CR) | (n==r)
            u(n,:) = v(n,:);
        else
            u(n,:) = x(n,:);
        end
```

```
        end
        %%%%%%%%%%%%%%边界条件的处理%%%%%%%%%%%%%%
        for n = 1:D
            for m = 1:NP
                if (u(n,m) < Xx) | (u(n,m) > Xs)
                    u(n,m) = rand*(Xs-Xx)+Xx;
                end
            end
        end
        %%%%%%%%%%%%%%选择操作%%%%%%%%%%%%%%%%
        for m = 1:NP
            Ob1(m) = func1(u(:,m));
        end
        for m = 1:NP
            if Ob1(m) < Ob(m)
                x(:,m) = u(:,m);
            end
        end
        for m = 1:NP
            Ob(m) = func1(x(:,m));
        end
        trace(gen+1) = min(Ob);
        if min(Ob(m)) < yz
            break
        end
end
[SortOb,Index] = sort(Ob);
x = x(:,Index);
X = x(:,1);                              %最优变量
Y = min(Ob);                             %最优值
%%%%%%%%%%%%%%%%%画图%%%%%%%%%%%%%%%%%%%%
figure
plot(trace);
xlabel('迭代次数')
ylabel('目标函数值')
title('DE目标函数曲线')
```

```
%%%%%%%%%%%%%%%%%%%%适应度函数%%%%%%%%%%%%%%%%%%%%
function result = func1(x)
summ = sum(x.^2);
result = summ;
```

例 3.2 求函数 $f(x, y) = 3\cos(xy) + x + y$ 的最小值，其中 x 的取值范围为 [-5，5]，y 的取值范围为[-5，5]。这是一个有多个局部极值的函数，其函数值图形如图 3.3 所示，其 MATLAB 实现程序如下：

```
%%%%%%%%%%f(x,y)=3cos(xy)+x+y%%%%%%%%%%
clear all;                      %清除所有变量
close all;                      %清图
clc;                            %清屏
x=-5:0.01:5;
y=-5:0.01:5;
N=size(x,2);
for i=1:N
    for j=1:N
        z(i,j)=3*cos(x(i)*y(j))+x(i)+y(j);
    end
end
mesh(x,y,z)
xlabel('x')
ylabel('y')
```

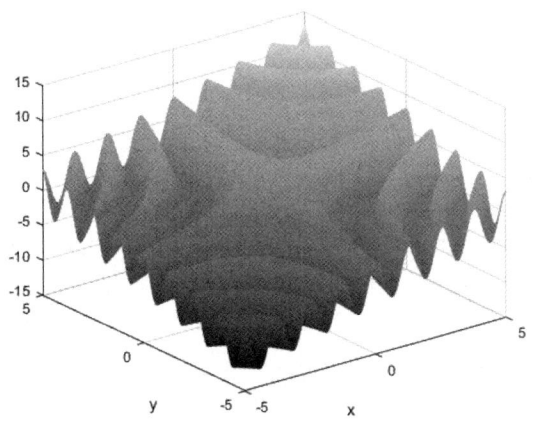

图 3.3 例 3.2 函数值图形

解：仿真过程如下：

（1）初始化个体数目为 $N_P = 20$，变量维数为 $D = 2$，最大进化代数为 $G = 100$，变异算子 $F = 0.5$，交叉算子 $CR = 0.1$。

（2）产生初始种群，计算个体目标函数；进行变异操作、交叉操作、边界条件处理，产生临时种群，其中边界条件处理采用边界吸收方式。

（3）计算临时种群个体目标函数，与原种群对应个体进行"一对一"选择操作，产生新种群。

（4）判断是否满足终止条件：若满足，则结束搜索过程，输出优化值；若不满足，则继续进行迭代优化。

优化结束后，DE目标函数曲线如图3.4所示，优化后的结果为：$x = -4.4116$，$y = -5$，函数 $f(x, y)$ 的最小值为 -12.4049（≈ -12.4）。

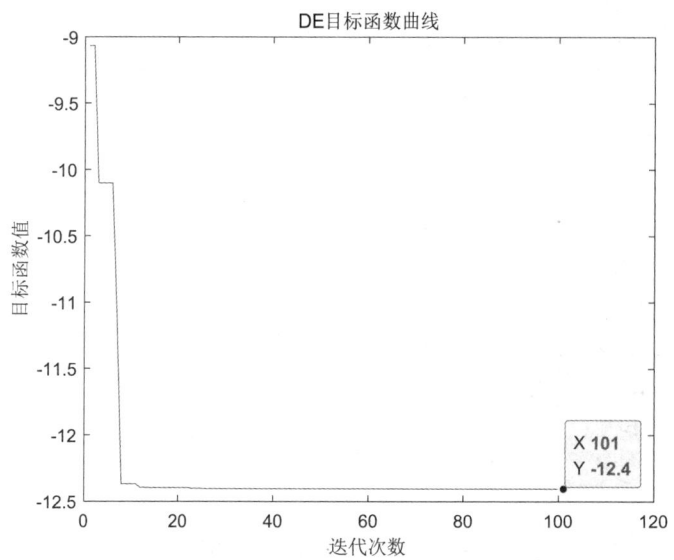

图3.4 例3.2的DE目标函数曲线

MATLAB源程序如下：

```
%%%%%%%%%%%%%差分进化算法求函数极值%%%%%%%%%%%%%
%%%%%%%%%%%%%%%%%%初始化%%%%%%%%%%%%%%%%%%%%%
clear all;                          %清除所有变量
close all;                          %清图
clc;                                %清屏
NP = 20;                            %种群规模
D = 2;                              %变量的维数
```

```
G = 100;                              %最大进化代数
F = 0.5;                              %变异算子
CR = 0.1;                             %交叉算子
Xs = 5;                               %上限
Xx = -5;                              %下限
%%%%%%%%%%%%%%%%%%%赋初值%%%%%%%%%%%%%%%%%%%%
x = zeros(D,NP);                      %初始种群
v = zeros(D,NP);                      %变异种群
u = zeros(D,NP);                      %选择种群
x = rand(D,NP)*(Xs-Xx)+Xx;            %赋初值
%%%%%%%%%%%%%%%%%%计算目标函数%%%%%%%%%%%%%%%%%%%
for m = 1:NP
    Ob(m) = func2(x(:,m));
end
trace(1) = min(Ob);
%%%%%%%%%%%%%%%%%%差分进化循环%%%%%%%%%%%%%%%%%%
for gen = 1:G
    %%%%%%%%%%%%%%%变异操作%%%%%%%%%%%%%%%%%%%
    %%%%%%%%%%%%%%%r1,r2,r3 和 m 互不相同%%%%%%%%%%%%%%%
    for m = 1:NP
        r1 = randi([1,NP],1,1);
        while (r1==m)
            r1 = randi([1,NP],1,1);
        end
        r2 = randi([1,NP],1,1);
        while (r2==m) | (r2==r1)
            r2 = randi([1,NP],1,1);
        end
        r3 = randi([1,NP],1,1);
        while (r3==m) | (r3==r1) |( r3==r2)
            r3 = randi([1,NP],1,1);
        end
        v(:,m) = x(:,r1)+F*(x(:,r2)-x(:,r3));
    end
    %%%%%%%%%%%%%%%交叉操作%%%%%%%%%%%%%%%%%%%
    r = randi([1,D],1,1);
    for n = 1:D
```

```
            cr = rand(1);
            if (cr<=CR) | (n==r)
                u(n,:) = v(n,:);
            else
                u(n,:) = x(n,:);
            end
        end
        %%%%%%%%%%%%%%%%%%边界条件的处理%%%%%%%%%%%%%%%%
        %%%%%%%%%%%%%%%%%%%%边界吸收%%%%%%%%%%%%%%%%%%%
        for n = 1:D
            for m = 1:NP
                if u(n,m) < Xx
                    u(n,m) = Xx;
                end
                if u(n,m) > Xs
                    u(n,m) = Xs;
                end
            end
        end
        %%%%%%%%%%%%%%%%%%%%选择操作%%%%%%%%%%%%%%%%%%%
        for m = 1:NP
            Ob1(m) = func2(u(:,m));
        end
        for m = 1:NP
            if Ob1(m) < Ob(m)
                x(:,m) = u(:,m);
            end
        end
        for m = 1:NP
            Ob(m) = func2(x(:,m));
        end
        trace(gen+1) = min(Ob);
end
[SortOb,Index] = sort(Ob);
x = x(:,Index);
X = x(:,1);                                         %最优变量
Y = min(Ob);                                        %最优值
```

```
%%%%%%%%%%%%%%%%%%%画图%%%%%%%%%%%%%%%%%%%
figure
plot(trace);
xlabel('迭代次数')
ylabel('目标函数值')
title('DE 目标函数曲线')
%%%%%%%%%%%%%%%%%%%适应度函数%%%%%%%%%%%%%%%%%%%
function value = func2(x)
value = 3*cos(x(1)*x(2))+x(1)+x(2);
```

例 3.3 用离散差分进化算法求函数 $f(x,y) = -((x^2+y-1)^2+(x+y^2-7)^2)/200+10$ 的最大值,其中 x 的取值为 $-100\sim 100$ 之间的整数,y 的取值为 $-100\sim 100$ 之间的整数,其函数值图形如图 3.5 所示。

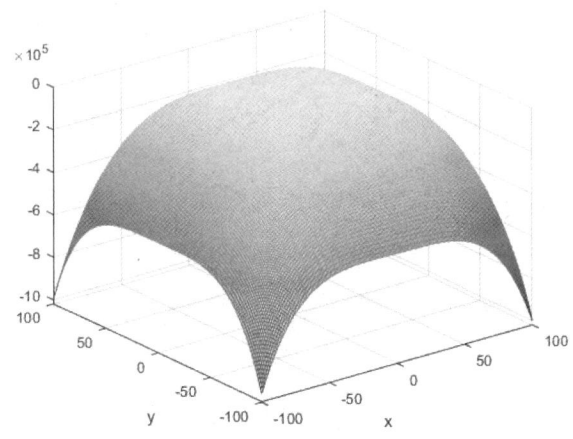

图 3.5 例 3.3 函数值图形

其 MATLAB 实现程序如下:

```
%%%%f(x,y)=-((x^2+y-1).^2+(x+y^2-7)^2)/200+10%%%%%
clear all;              %清除所有变量
close all;              %清图
clc;                    %清屏
x=-100:1:100;
y=-100:1:100;
N=size(x,2);
for i=1:N
```

```
       for j=1:N
           z(i,j)=-((x(i)^2+y(j)-1).^2+(x(i)+y(j)^2-7)^2)/200+10;
       end
   end
   mesh(x,y,z)
   xlabel('x')
   ylabel('y')
```

解：仿真过程如下：

（1）初始化个体数目为 $N_P = 20$，变量维数为 $D = 2$，最大进化代数为 $G = 100$，变异算子 $F = 0.5$，交叉算子 $CR = 0.1$。

（2）产生数值为[−100，100]内整数的初始种群，计算个体目标函数；进行变异操作，对变异后的种群内数值进行取整操作，然后进行交叉操作、边界条件处理操作，产生临时种群，其中边界条件处理采用边界吸收方式。

（3）计算临时种群个体目标函数，与原种群对应个体进行"一对一"选择操作，产生新种群。

（4）判断是否满足终止条件：若满足，则结束搜索过程，输出优化值；若不满足，则继续进行迭代优化。

优化结束后，DE 目标函数曲线如图 3.6 所示，优化后的结果为：$x = -2$，$y = -3$，函数 $f(x, y)$ 的最大值为 10。

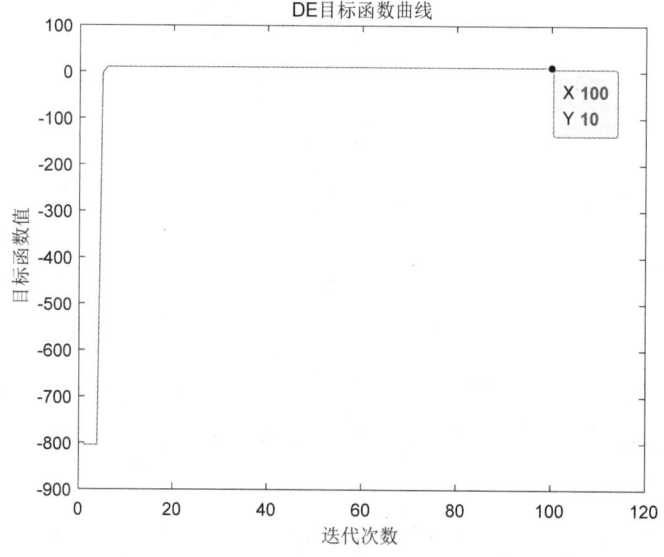

图 3.6　例 3.3 DE 目标函数曲线

MATLAB 源程序如下：

```
%%%%%%%%%%%%%%%离散差分进化算法求函数极值%%%%%%%%%%%%%%
%%%%%%%%%%%%%%%%%%%初始化%%%%%%%%%%%%%%%%%%%%%
clear all;                              %清除所有变量
close all;                              %清图
clc;                                    %清屏
NP = 20;                                %种群规模
D = 2;                                  %变量的维数
G = 100;                                %最大进化代数
F = 0.5;                                %变异算子
CR = 0.1;                               %交叉算子
Xs = 100;                               %上限
Xx = -100;                              %下限
%%%%%%%%%%%%%%%%%%%赋初值%%%%%%%%%%%%%%%%%%%%%
x = zeros(D,NP);                        %初始种群
v = zeros(D,NP);                        %变异种群
u = zeros(D,NP);                        %选择种群
x = randi([Xx,Xs],D,NP);                %赋初值
%%%%%%%%%%%%%%%%%计算目标函数%%%%%%%%%%%%%%%%%%
for m = 1:NP
    Ob(m) = func3(x(:,m));
end
trace(1) = max(Ob);
%%%%%%%%%%%%%%%%%差分进化循环%%%%%%%%%%%%%%%%%%
for gen = 1:G
    %%%%%%%%%%%%%%%%%变异操作%%%%%%%%%%%%%%%%%%
    %%%%%%%%%%%%%r1,r2,r3 和 m 互不相同%%%%%%%%%%%%%
    for m = 1:NP
        r1 = randi([1,NP],1,1);
        while (r1==m)
            r1 = randi([1,NP],1,1);
        end
        r2 = randi([1,NP],1,1);
        while (r2==m) | (r2==r1)
            r2 = randi([1,NP],1,1);
```

```
            end
            r3 = randi([1,NP],1,1);
            while (r3==m) | (r3==r1) | (r3==r2)
                r3 = randi([1,NP],1,1);
            end
            v(:,m) = floor(x(:,r1)+F*(x(:,r2)-x(:,r3)));
end
%%%%%%%%%%%%%%%%%%交叉操作%%%%%%%%%%%%%%%%%%
r = randi([1,D],1,1);
for n = 1:D
    cr = rand(1);
    if (cr<=CR) | (n==r)
        u(n,:) = v(n,:);
    else
        u(n,:) = x(n,:);
    end
end
%%%%%%%%%%%%%%%%%%边界条件的处理%%%%%%%%%%%%%%%%
%%%%%%%%%%%%%%%%%%边界吸收%%%%%%%%%%%%%%%%%%
for n = 1:D
    for m = 1:NP
        if u(n,m) < Xx
            u(n,m) = Xx;
        end
        if u(n,m) > Xs
            u(n,m) = Xs;
        end
    end
end
%%%%%%%%%%%%%%%%%%选择操作%%%%%%%%%%%%%%%%%%
for m = 1:NP
    Ob1(m) = func3(u(:,m));
end
for m = 1:NP
    if Ob1(m) > Ob(m)
        x(:,m) = u(:,m);
```

```
            end
        end
        for m = 1:NP
            Ob(m) = func3(x(:,m));
        end
        trace(gen+1) = max(Ob);
end
[SortOb,Index] = sort(Ob);
X = x(:,Index);
Xbest = X(:,end);                        %最优变量
Y = max(Ob);                             %最优值
%%%%%%%%%%%%%%%%%%%%画图%%%%%%%%%%%%%%%%%%%%
figure
plot(trace);
xlabel('迭代次数')
ylabel('目标函数值')
title('DE 目标函数曲线')
%%%%%%%%%%%%%%%%%%%%适应度函数%%%%%%%%%%%%%%%%%%
function y = func3(x)
y = -((x(1).^2+x(2)-1).^2+(x(1)+x(2).^2-7).^2)/200+10;
```

参考文献

[1] STORN R, PRICE K. Minimizing the real functions of the ICEC'96 contest by differential evolution [C]. Proceedings of the IEEE Conference on Evolutionary Computation, 1996: 842-844.

[2] STORN R, PRICE K. Differential Evolution-a simple and efficient heuristic for global optimization over continuous spaces [J]. Journal of Global Optimization, 1997, 11(4): 341-359.

[3] DHANESH G K, MOHAMED H, ANDERS R. Synthesis of uniform amplitude unequally spaced antenna arrays using the differential evolution algorithm [J]. IEEE Transactions on Antennas and Propagation, 2003, 51(9): 2210-2217.

[4] 包子阳, 陈克松, 何子述, 等. 基于改进差分进化算法的圆阵稀布方法[J]. 系统工程与电子技术, 2009(3): 497-499.

[5] PRICE K V. Differential evolution: a fast and simple numerical optimizer[C] // SMITH M H, LEE M A, KELLER J, et al. 1996 Biennial Conference of the North American Fuzzy Information Processing Society. IEEE Service Center, 1996: 524-527.

[6] 刘波, 王凌, 金以慧. 差分进化算法研究进展[J]. 控制与决策, 2007, 22(7): 721-727.

[7] 周艳平, 顾幸生. 差分进化算法研究进展[J]. 化工自动化及仪表, 2007, 34(3): 1-5.

[8] 杨淑莹, 张桦. 群体智能与仿生计算-Matlab 技术实现[M]. 北京: 电子工业出版社, 2012: 55-69.

[9] TASOULIS D K, PAVLIDIS N G, PLAGIANAKOS V P. Parallel differential evolution [J]. Evolutionary Computation, 2004(2): 2023-2029.

[10] LIN Yungchien, WANG Fengsheng, HWANG Kaoshing. A hybrid method of evolutionary algorithms for mixed-integer nonlinear optimization problems [C]. IEEE Proceeding of Evolutionary Computation. Piscataway, 1999: 2159-2166.

[11] LIN Yungchien, HWANG Kaoshing, WANG Fengsheng. Plant scheduling and planning using mixed-integer hybrid differential evolution with multiplier updating [C]. IEEE Proceeding of Evolutionary Computation. Piscataway, 2000: 593-600.

第4章 免疫算法

4.1 引言

"Immune"（免疫）一词是从拉丁文衍生而来的。很早以前，人们就注意到传染病患者痊愈后，对该病会有不同程度的免疫力。在医学上，免疫是指机体接触抗原性异物的一种生理反应。1958年澳大利亚学者Burnet率先提出了与免疫算法（Immune Algorithm，IA）相关的理论——克隆选择原理[1]。1973年Jerne提出免疫系统的模型[2]，他基于Burnet的克隆选择学说，开创了独特型网络理论，给出了免疫系统的数学框架，并采用微分方程建模来仿真淋巴细胞的动态变化。

1986年Farmal等人基于免疫网络学说理论构造出的免疫系统的动态模型，展示了免疫系统与其他人工智能方法相结合的可能性，开创了免疫系统研究的先河。他们先利用一组随机产生的微分方程建立起人工免疫系统，再通过采用适应度阈值过滤的方法去掉方程组中那些不合适的微分方程，对保留下来的微分方程则采用交叉、变异、逆转等遗传操作产生新的微分方程，经过不断地迭代计算，直到找到最佳的一组微分方程为止。

从此以后，对免疫算法的研究在国际上引起越来越多学者的兴趣。几十年来，与之相关的研究成果已经涉及非线性最优化、组合优化、控制工程、机器人、故障诊断、图像处理等诸多领域[3-6]。

免疫算法是模仿生物免疫机制，结合基因的进化机理，人工构造出的一种新型智能优化算法，因而具有一般免疫系统的特征。它采用群体搜索策略，通过迭代计算，最终以较大的概率得到问题的最优解。免疫算法具有自适应性、随机性、并行性、全局收敛性、种群多样性等优点。相比于其他算法，免疫算法利用自身产生多样性和维持机制的特点，保证了种群的多样性，克服了一般寻优过程（特别是多峰值的寻优过程）中不可避免的"早熟"问题，可以求得全局最优解。

4.2 免疫算法理论

生物免疫系统是一个复杂的自适应系统。免疫系统能够识别出病原体，具有学习、记忆和模式识别能力，因此可以借鉴其信息处理机制来解决科学和工程问题。免疫算法正是基于生物免疫系统识别外部病原体并产生抗体对抗病原体的学习机制而提出的，由此诞生了基于免疫原理的智能优化方法研究这一新的研究方向。

4.2.1 生物免疫系统

传统免疫是指机体抗感染的防御能力，而现代免疫则指机体免疫系统识别和排除抗原性异物，从而维持机体生理平衡和稳定的功能。免疫是机体的一种生理反应，当病原体（即抗原）进入人体时，这些抗原将刺激免疫细胞（淋巴 B 细胞、T 细胞）产生一种抵抗该病原生物的特殊蛋白质——抗体。抗体能将该病原生物消灭，并在将病原生物消灭之后，仍存留在人体内。当同样的病原生物再次侵入人体时，该病原生物就会很快地被体内存留的抗体消灭[7]。

免疫学相关概念

免疫

免疫是指机体对自身和异体识别与响应过程中产生的生物学效应的总和，正常情况下是一种维持机体循环稳定的生理性功能。生物机体识别异体抗原，对其产生免疫响应并清除；机体对自身抗原不产生免疫响应。

抗原

抗原是一种能够刺激机体产生免疫应答并能与应答产物结合的物质。它不是免疫系统的有机组成部分，但它是启动免疫应答的始动因素。

抗体

抗体是一种能够进行特异识别和清除抗原的免疫分子，其中具有抗细菌和抗毒素免疫功能的球蛋白物质，故抗体也称免疫球蛋白分子，它是由 B 细胞分化成的浆细胞所产生的。

T 细胞和 B 细胞

T 细胞和 B 细胞是淋巴细胞的主要组成部分。B 细胞受到抗原刺激后，可增殖分化为大量浆细胞，而浆细胞具有合成和分泌抗体的功能。但是，B 细胞不能识别大多数抗原，必须借助能识别抗原的辅助性 T 细胞来辅助 B 细胞活化，产生抗体。

生物免疫系统机理

生物免疫系统是由免疫分子、免疫组织和免疫细胞组成的复杂系统。这些组成免疫系统的组织和器官分布在人体各处，用来完成各种免疫防卫功能，它们就是人们熟知的淋巴器官和淋巴组织。

免疫识别

免疫识别是免疫系统的主要功能，识别的本质是区分"自己"和"非己"。免疫识别是通过淋巴细胞上的抗原受体与抗原的结合来实现的。

免疫学习

免疫识别过程同时也是一个学习的过程，学习的结果是免疫细胞的个体亲和度提高、种群规模扩大，并且最优个体以免疫记忆的形式得到保存。

免疫记忆

当免疫系统初次遇到一种抗原时，淋巴细胞需要一定的时间进行调整以更好地识别抗原，并在识别结束后以最优抗体的形式保留对该抗原的记忆信息。而当免疫系统再次遇到相同或者结构相似的抗原时，在联想记忆的作用下，其应答速度大大提高。

克隆选择

免疫应答和免疫细胞的增殖在一个特定的匹配阈值之上发生。当淋巴细胞实现对抗原的识别时，B 细胞被激活并增殖复制而产生克隆 B 细胞，随后克隆 B 细胞经历变异过程，产生对抗原具有特异性的抗体。

个体多样性

根据免疫学知识，免疫系统有 100 多种不同的蛋白质，但外部潜在的抗原和待识别的模式种类有 1000 多种。要实现其数量远远大于自身的抗原识别，需要有效的多样性个体产生机制。抗体多样性的生物机制主要包括免疫受体库的组合式重整、体细胞高频突变以及基因转换等。

分布式特性和自适应性

免疫系统的分布式特性首先取决于病原的分布式特性，即病原是分散在机体内部的。因为免疫应答机制是通过局部细胞的交互作用的，不存在集中控制，所以免疫系统的分布式特性进一步增强了其自适应性。

所有这些免疫系统的重要信息处理特点，为信息和计算领域的应用提供了有力的支撑。

4.2.2 免疫算法概念

免疫算法是受生物免疫系统的启发而推出的一种新型的智能搜索算法。它是一种将其确定性和随机性选择相结合的、具有"勘探"与"开采"能力的启发式随机搜索算法。免疫算法将优化问题中待优化的问题对应免疫应答中的抗原，可行解对应抗体（B细胞），可行解质量对应免疫细胞与抗原的亲和度。如此则可以将优化问题的寻优过程与生物免疫系统识别抗原并实现抗体进化的过程对应起来，将生物免疫应答中的进化过程抽象为数学上的进化寻优过程，形成一种智能优化算法。

免疫算法是对生物免疫系统机理抽象而得的，算法中的许多概念和算子与免疫系统中的概念和免疫机理存在着对应关系，如表 4.1 所示。其中，由于抗体是由 B 细胞产生的，在免疫算法中对抗体和 B 细胞不进行区分，其对应的都是优化问题的可行解。

表 4.1 免疫算法与生物免疫系统概念对应关系

生物免疫系统	免 疫 算 法
抗原	优化问题
抗体（B 细胞）	优化问题的可行解
亲和度	可行解的质量
细胞活化	免疫选择
细胞分化	个体克隆
亲和度成熟	变异
克隆抑制	克隆抑制
动态维持平衡	种群刷新

根据上述的对应关系，模拟生物免疫应答的过程形成了用于优化计算的免疫算法。算法主要包含以下几大模块：

(1) 抗原识别与初始抗体产生。根据待优化问题的特点设计合适的抗体编码规则，并在此编码规则下利用问题的先验知识产生初始免疫（抗体）种群。

(2) 抗体评价。对抗体的质量进行评价，评价准则主要为抗体亲和度和个体浓度，评价得出的优质抗体将进行进化免疫操作，劣质抗体将会被更新。

(3) 免疫操作。利用免疫选择、克隆、变异、克隆抑制、种群刷新等算子模拟生物免疫应答中的各种免疫操作，形成基于生物免疫系统克隆选择原理的进化规则和方法，实现对各种最优化问题的寻优搜索。

4.2.3 免疫算法的特点

免疫算法是受免疫学启发，模拟生物免疫系统功能和原理来解决复杂问题的自适应智能算法，它保留了生物免疫系统所具有的若干特点[8]，包括：

(1) 全局搜索能力。模仿生物免疫应答过程提出的免疫算法是一种具有全局搜索能力的优化算法，免疫算法在对优质抗体邻域进行局部搜索的同时利用变异算子和种群刷新算子不断产生新个体，探索可行解区间的新区域，保证算法在完整的可行解区间进行搜索，具有全局收敛性能。

(2) 多样性保持机制。免疫算法借鉴了生物免疫系统的多样性保持机制，对抗体进行浓度计算，并将浓度计算的结果作为评价抗体个体优劣的一个重要标准；它使浓度高的抗体被抑制，保证免疫种群具有很好的多样性，这也是保证算法全局收敛性能的一个重要方面。

(3) 鲁棒性强。基于生物免疫机理的免疫算法不针对特定问题，而且不强调算法参数设置和初始解的质量，利用其启发式的智能搜索机制，即使起步于劣质解种群，最终也可以搜索到问题的全局最优解，对问题和初始解的依赖性不强，具有很强的适应性和鲁棒性。

(4) 并行分布式搜索机制。免疫算法不需要集中控制，可以实现并行处理。而且，免疫算法的优化进程是一种多进程的并行优化，在探求问题最优解的同时可以得到问题的多个次优解，即除找到问题的最佳解决方案外，还会得到若干较好的备选方案，尤其适合于多模态的优化问题。

4.2.4 免疫算法算子

与遗传算法等其他智能优化算法类似，免疫算法的进化寻优过程也是通过算子来实现的。免疫算法的算子包括：亲和度评价算子、抗体浓度评价算子、激励度计算算子、免疫选择算子、克隆算子、变异算子、克隆抑制算子和种群刷新算子等[9]。由于算法的编码方式可能为实数编码、离散编码等，不同编码方式下的算法算子也会有所不同。

亲和度评价算子

亲和度表征免疫细胞与抗原的结合强度，与遗传算法中的适应度类似。亲和度评价算子通常是一个函数 aff(x): $S \in R$，其中 S 为问题的可行解区间，R 为实数域。函数的输入为一个抗体个体（可行解），输出即为亲和度评价结果。

亲和度的评价与具体问题相关，针对不同的优化问题，应该在理解问题实质的前提下，根据问题的特点定义亲和度评价函数。通常函数优化问题可以用函数值或对函数值的简单处理（如取倒数、相反数等）作为亲和度评价，而对于组合优化问题或应用中更为复杂的优化问题，则需要具体问题具体分析。

抗体浓度评价算子

抗体浓度表征免疫种群的多样性好坏。抗体浓度过高意味着种群中非常类似的个体大量存在，则寻优搜索会集中于可行解区间的一个区域，不利于全局优化。因此优化算法中应对浓度过高的个体进行抑制，保证个体的多样性。

抗体浓度通常定义为

$$\text{den}(ab_i) = \frac{1}{N} \sum_{j=1}^{N} S(ab_i, ab_j) \tag{4.1}$$

式中：N 为种群规模；$S(ab_i, ab_j)$ 表示抗体间的相似度，它可表示为

$$S(ab_i, ab_j) = \begin{cases} 1, & \text{aff}(ab_i, ab_j) < \delta_s \\ 0, & \text{aff}(ab_i, ab_j) \geq \delta_s \end{cases} \tag{4.2}$$

其中 ab_i 为种群中的第 i 个抗体，aff(ab_i, ab_j) 为抗体 i 与抗体 j 的亲和度，δ_s 为相似度阈值。

进行抗体浓度评价的一个前提是抗体间亲和度的定义。免疫中经常提到的亲和度为抗体对抗原的亲和度，实际上抗体和抗体之间也存在着亲和度的概念，它代表了两个抗体个体之间的相似程度。抗体间亲和度的计算方法主要包括基于抗体和抗原亲和度的计算方法、基于欧氏距离的计算方法、基于海明距离的计算方法、基于信息熵的计算方法等。

基于欧氏距离的抗体间亲和度计算方法

对于实数编码的算法，抗体间亲和度通常可以通过抗体向量之间的欧氏距离来计算：

$$\mathrm{aff}(ab_i, ab_j) = \sqrt{\sum_{k=1}^{L}(ab_{i,k} - ab_{j,k})^2} \tag{4.3}$$

式中，$ab_{i,k}$ 和 $ab_{j,k}$ 分别为抗体 i 的第 k 维和抗体 j 的第 k 维，L 为抗体编码总维数。这是实数编码算法中最常见的抗体间亲和度的计算方法。

基于海明距离的抗体-抗体亲和度计算方法

对于基于离散编码的算法，衡量抗体-抗体亲和度最直接的方法就是利用抗体串的海明距离，即

$$\mathrm{aff}(ab_i, ab_j) = \sum_{k=1}^{L} \partial_k \tag{4.4}$$

式中：

$$\partial_k = \begin{cases} 1, & ab_{i,k} = ab_{j,k} \\ 0, & ab_{i,k} \neq ab_{j,k} \end{cases} \tag{4.5}$$

$ab_{i,k}$ 和 $ab_{j,k}$ 分别为抗体 i 的第 k 位和抗体 j 的第 k 位；L 为抗体编码长度。

激励度计算算子

抗体激励度是对抗体质量的最终评价结果，需要综合考虑抗体亲和度和抗体浓度，通常亲和度大、浓度低的抗体会得到较大的激励度。抗体激励度的计算通常可以利用抗体亲和度和抗体浓度的评价结果进行简单的数学运算得到，如：

$$\mathrm{sim}(ab_i) = \alpha \cdot \mathrm{aff}(ab_i) - \beta \cdot \mathrm{den}(ab_i) \tag{4.6}$$

或

$$\mathrm{sim}(ab_i) = \mathrm{aff}(ab_i) \cdot \mathrm{e}^{-\alpha \cdot \mathrm{den}(ab_i)} \tag{4.7}$$

式中：$\mathrm{sim}(ab_i)$ 为抗体 ab_i 的激励度；α、β 为计算参数，可以根据实际情况确定。

免疫选择算子

免疫选择算子根据抗体的激励度确定选择哪些抗体进入克隆选择操作。在免疫种群中激励度高的抗体个体具有更高的质量，更有可能被选中进行克隆选择操作，在搜索空间中更有搜索价值。

克隆算子

克隆算子将免疫选择算子选中的抗体个体进行复制。克隆算子可以描述为

$$T_c(ab_i) = \mathrm{clone}(ab_i) \tag{4.8}$$

式中：clone(ab_i)为 M 个与 ab_i 相同的克隆体构成的集合；M 为抗体克隆数目，可以事先确定，也可以动态自适应计算。

变异算子

变异算子对克隆算子得到的抗体克隆结果进行变异操作，以产生亲和度突变，实现局部搜索。变异算子是免疫算法中产生有潜力的新抗体、实现区域搜索的重要算子，它对算法的性能有很大影响。变异算子也和算法的编码方式相关，实数编码的算法和离散编码的算法采用不同的变异算子。

实数编码算法变异算子

实数编码算法的变异策略是在变异源个体中加入一个小扰动，使其稍微偏离原来的位置，落入变异源个体邻域中的另一个位置，实现变异源邻域的搜索。实数编码算法变异算子可以描述为

$$T_m(ab_{i,j,m}) = \begin{cases} ab_{i,j,m} + (\text{rand} - 0.5) \cdot \delta, & \text{rand} < p_m \\ ab_{i,j,m}, & \text{其他} \end{cases} \quad (4.9)$$

式中：$ab_{i,j,m}$ 是抗体 ab_i 的第 m 个克隆体的第 j 维；δ 为定义的邻域的范围，可以事先确定，也可以根据进化过程自适应调整；rand 是产生(0，1)范围内随机数的函数；p_m 为变异概率。

离散编码算法变异算子

离散编码算法以二进制编码为主，其变异策略是从变异源抗体串中随机选取几位元，改变位元的取值（取反），使其落在离散空间变异源的邻域内。

克隆抑制算子

克隆抑制算子用于对经过变异后的克隆体进行再选择，抑制亲和度低的抗体，保留亲和度高的抗体进入新的免疫种群。在克隆抑制的过程中，克隆算子操作的变异源抗体与克隆体经变异算子作用后得到的临时免疫种群共同组成一个集合，克隆抑制操作将保留此集合中亲和度最高的抗体，抑制其他抗体。

由于克隆变异算子操作的变异源抗体是种群中的优质抗体，而克隆抑制算子操作的临时抗体集合中又包含了父代的变异源抗体，因此在免疫算法的算子操作中隐含了最优个体保留机制。

种群刷新算子

种群刷新算子用于对种群中激励度较低的抗体进行刷新,从免疫种群中删除这些抗体并以随机生成的新抗体替代,有利于保持抗体的多样性,实现全局搜索,探索新的可行解空间区域。

4.3 免疫算法种类

4.3.1 克隆选择算法

Castro 提出了基于免疫系统的克隆选择理论的克隆选择算法[10],该算法是模拟免疫系统学习过程的进化算法。免疫应答产生抗体是免疫系统的学习过程,抗原被一些与之匹配的 B 细胞识别,这些 B 细胞分裂,产生的子 B 细胞在母细胞的基础上发生变化,以寻求与抗原匹配更好的 B 细胞,与抗原匹配更好的子 B 细胞再分裂……如此循环往复,最后找到与抗原完全匹配的 B 细胞,B 细胞变成浆细胞产生抗体,这一过程就是克隆选择过程,克隆选择算法模拟这一过程进行优化。

4.3.2 免疫遗传算法

Chun 等人提出了一种免疫算法,实质上是改进的遗传算法[11]。体细胞和免疫网络理论改进了遗传算法的选择操作,从而保持了种群的多样性,提高算法的全局寻优能力。通过在算法中加入免疫记忆功能,提高了算法的收敛速度。免疫遗传算法把抗原看作目标函数,将抗体看作问题的可行解,抗体与抗原的亲和度看作可行解的适应度。免疫遗传算法引入了抗体浓度的概念,并用信息熵来描述,表示种群中相似可行解的多少。免疫遗传算法根据抗体与抗原的亲和度和抗体的浓度进行选择操作,亲和度高且浓度小的抗体选择概率大,这样就抑制了种群中浓度高的抗体,保持了种群的多样性。

4.3.3 反向选择算法

免疫系统中的 T 细胞在胸腺中发育,与自身蛋白质发生反应的未成熟 T 细胞被破坏掉,所以成熟的 T 细胞具有忍耐自身的性质,不与自身蛋白质发生反应,只与外来蛋白质产生反应,以此来识别"自己"与"非己",这就是所谓的反向选择原理。

Forrest 基于反向选择原理提出了反向选择算法,用于进行异常检测[12]。算法主要包括两个步骤:首先,产生一个检测器集合,其中每一个检测器与被保护的数据不匹配;其次,不断地将集合中的每一个检测器与被保护数据相比较,如果检测器与被保护数据相匹配,则判定数据发生了变化。

4.3.4 疫苗免疫算法

焦李成等人基于免疫系统的理论提出了基于疫苗的免疫算法[13]。该算法是在遗传算法中加入免疫算子,以提高算法的收敛速度并防止种群退化。免疫算子包括疫苗接种和免疫选择两个部分,前者为了提高亲和度,后者为了防止种群退化。理论分析表明这种免疫算法是收敛的。

疫苗免疫算法的基本步骤是:随机产生 N_P 个个体构成初始父代种群;根据先验知识抽取疫苗;计算当前父代种群所有个体的亲和度,并进行停止条件的判断;对当前的父代种群进行变异操作,生成子代种群;对子代种群进行疫苗接种操作,得到新种群;对新种群进行免疫选择操作,得到新一代父本,并进入免疫循环。

4.4 免疫算法流程

目前还没有统一的免疫算法流程及框图,下面介绍一种含有 4.2.4 节免疫算子的算法流程,分为以下几个步骤:

(1)进行抗原识别,即理解待优化的问题,对问题进行可行性分析,提取先验知识,构造出合适的亲和度函数,并制定各种约束条件。

(2)产生初始种群,通过编码把问题的可行解表示成解空间中的抗体,在解的空间内随机产生一个初始种群。

(3)计算亲和度,对种群中的每一个可行解进行亲和度评价。

(4)判断是否满足算法终止条件:如果满足条件,则终止算法寻优过程,输出计算结果;否则,继续寻优运算。

(5)计算抗体浓度和激励度。

(6)进行免疫操作,包括免疫选择、克隆、变异和克隆抑制。

➢ 免疫选择:根据种群中抗体的亲和度和浓度计算结果选择优质抗体,使其活化;

➢ 克隆:对活化的抗体进行克隆,得到若干副本;

> 变异：对克隆所得到的副本进行变异操作，使其发生亲和度突变；
> 克隆抑制：对变异结果进行再选择，抑制亲和度低的抗体，保留亲和度高的变异结果。

（7）种群刷新，以随机生成的新抗体替代种群中激励度较低的抗体，形成新一代抗体，转至步骤（3）。

免疫算法运算流程如图 4.1 所示。

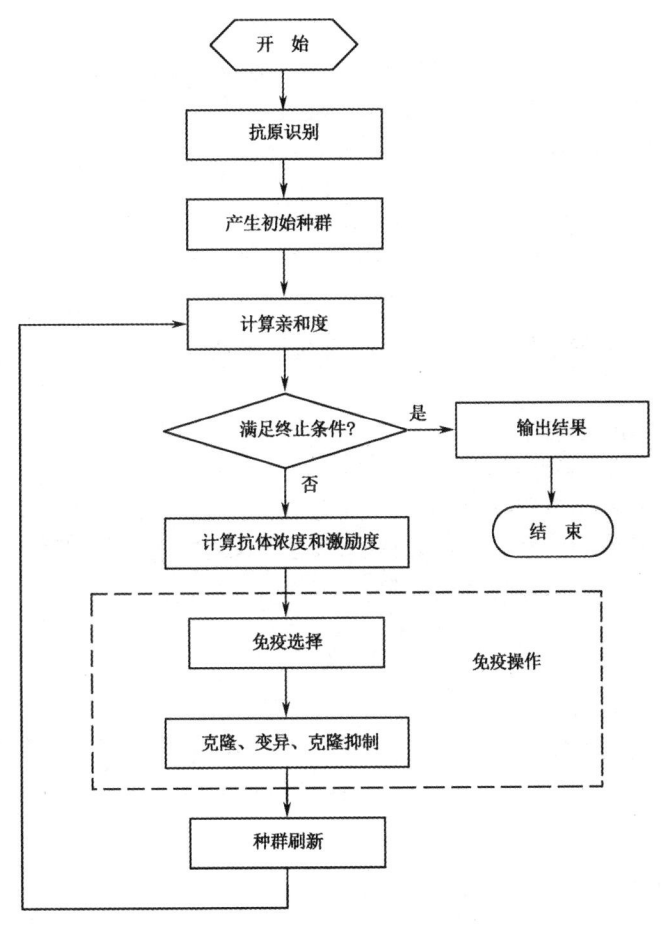

图 4.1 免疫算法的运算流程

免疫算法中的进化操作是采用了基于免疫原理的进化算子实现的，如免疫选择、克隆、变异等。而且算法中增加了抗体浓度和激励度的计算，并将抗体浓度作为评价个体质量的一个标准，有利于保持个体多样性，实现全局寻优。

4.5 关键参数说明

下面介绍一下免疫算法的主要参数,它们在程序设计与调试中起着至关重要的作用。免疫算法主要包括以下关键参数:

免疫种群规模 N_P

免疫种群保留了免疫细胞的多样性,从直观上看,种群越大,免疫算法的全局搜索能力越好,但是算法每代的计算量也相应增大。在大多数问题中,N_P 取 10~100 较为合适,一般不超过 200。

免疫选择比例

免疫选择的抗体的数量越多,将产生越多的克隆体,其搜索能力也越强,但是将增加每代的计算量。一般可以取免疫种群规模 N_P 的 10%~50%。

抗体克隆扩增的倍数

克隆的倍数决定了克隆扩增的细胞的数量,从而决定了算法的搜索能力,主要是局部搜索能力。克隆倍数越大,局部搜索能力越强,全局搜索能力也有一定提高;但是计算量也随之增大,一般取 5~10 倍。

种群刷新比例

细胞的淘汰和更新是产生抗体多样性的重要机制,因而对免疫算法的全局搜索能力产生重要影响。每代更新的抗体一般不超过免疫种群的 50%。

最大进化代数 G

最大进化代数 G 是表示免疫算法运行结束条件的一个参数,表示免疫算法运行到指定的进化代数之后就停止运行,并将当前种群中的最佳个体作为所求问题的最优解输出。一般 G 取 100~500。

4.6 MATLAB 仿真实例

例 4.1 计算函数 $f(x) = \sum_{i=1}^{n} x_i^2$ ($-10 \leqslant x_i \leqslant 10$) 的最小值，其中个体 x 的维数为 $n = 10$。这是一个简单的平方和函数，只有一个极小点 $x = (0, 0, \cdots, 0)$，理论最小值 $f(0, 0, \cdots, 0) = 0$。

解：仿真过程如下：

（1）初始化免疫个体维数为 $D = 10$，免疫种群规模（个体数）为 $N_P = 100$，最大免疫代数为 $G = 500$，变异概率为 $P_m = 0.7$，激励度系数为 alfa = 1，belta = 1，相似度阈值为 detas = 0.2，克隆体个数为 $N_{cl} = 10$。

（2）随机产生初始种群，计算个体亲和度、抗体浓度和激励度，并按激励度排序。

（3）取激励度前 $N_P/2$ 个个体进行克隆、变异、克隆抑制的免疫操作，对免疫后的种群进行激励度计算。

（4）随机生成 $N_P/2$ 个个体的新种群，并计算个体亲和度、抗体浓度和激励度；免疫种群和随机种群合并，按激励度排序，进行免疫迭代。

（5）判断是否满足终止条件：若满足，则结束搜索过程，输出优化值；若不满足，则继续进行迭代优化。

优化结束后，其亲和度进化曲线如图 4.2 所示，优化后的结果为 x = [-0.0008 0.0006 -0.0023 0.0027 -0.0052 -0.0013 0.0023 0.0024 -0.0011 0.0000]，函数 $f(x)$ 的最小值为 5.434×10^{-5}。

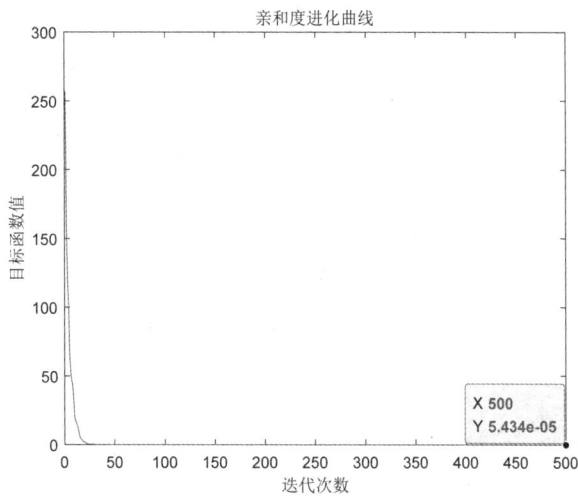

图 4.2 例 4.1 亲和度进化曲线

MATLAB 源程序如下：

```matlab
%%%%%%%%%%%%%免疫算法求函数极值%%%%%%%%%%%%%%%
%%%%%%%%%%%%%%%%%%%初始化%%%%%%%%%%%%%%%%%%%%%
clear all;                          %清除所有变量
close all;                          %清图
clc;                                %清屏
D = 10;                             %免疫个体维数
NP = 100;                           %免疫个体数目
Xs = 10;                            %取值上限
Xx = -10;                           %取值下限
G = 500;                            %最大免疫代数
pm = 0.7;                           %变异概率
alfa = 1;                           %激励度系数
belta = 1;                          %激励度系数
detas = 0.2;                        %相似度阈值
gen = 0;                            %免疫代数
Ncl = 10;                           %克隆体个数
deta0 = 1*Xs;                       %邻域范围初值
%%%%%%%%%%%%%%%%%%%初始种群%%%%%%%%%%%%%%%%%%%%
f = rand(D,NP)*(Xs-Xx)+Xx;
for np = 1:NP
    FIT(np) = func1(f(:,np));
end
%%%%%%%%%%%%%%%计算个体浓度和激励度%%%%%%%%%%%%%
for np = 1:NP
    for j = 1:NP
        nd(j) = sum(sqrt((f(:,np)-f(:,j)).^2));
        if nd(j) < detas
            nd(j) = 1;
        else
            nd(j) = 0;
        end
    end
    ND(np) = sum(nd)/NP;
end
FIT = alfa*FIT - belta*ND;
```

```
%%%%%%%%%%%%%%%%%激励度按升序排列%%%%%%%%%%%%%%%%%%
[SortFIT,Index] = sort(FIT);
Sortf = f(:,Index);
%%%%%%%%%%%%%%%%%免疫循环%%%%%%%%%%%%%%%%%%%%%
while gen < G
    for i = 1:NP/2
        %%%%%%%%%选激励度前NP/2个个体进行免疫操作%%%%%%%%%
        a = Sortf(:,i);
        Na = repmat(a,1,Ncl);
        deta = deta0/gen;
        for j = 1:Ncl
            for ii = 1:D
                %%%%%%%%%%%%%%%变异%%%%%%%%%%%%%%%%
                if rand < pm
                    Na(ii,j) = Na(ii,j)+(rand-0.5)*deta;
                end
                %%%%%%%%%%%%%边界条件处理%%%%%%%%%%%%%
                if (Na(ii,j) > Xs) | (Na(ii,j) < Xx)
                    Na(ii,j) = rand * (Xs-Xx)+Xx;
                end
            end
        end
        Na(:,1) = Sortf(:,i);                  %保留克隆源个体
        %%%%%%%%%克隆抑制,保留亲和度最高的个体%%%%%%%%%%
        for j = 1:Ncl
            NaFIT(j) = func1(Na(:,j));
        end
        [NaSortFIT,Index] = sort(NaFIT);
        aFIT(i) = NaSortFIT(1);
        NaSortf = Na(:,Index);
        af(:,i) = NaSortf(:,1);
    end
    %%%%%%%%%%%%%%%免疫种群激励度%%%%%%%%%%%%%%%%%
    for np = 1:NP/2
        for j = 1:NP/2
            nda(j) = sum(sqrt((af(:,np)-af(:,j)).^2));
            if nda(j) < detas
```

```
                nda(j) = 1;
            else
                nda(j) = 0;
            end
        end
        aND(np) = sum(nda)/NP/2;
    end
    aFIT = alfa*aFIT - belta*aND;
    %%%%%%%%%%%%%%%种群刷新%%%%%%%%%%%%%%%%%%
    bf = rand(D,NP/2)*(Xs-Xx)+Xx;
    for np = 1:NP/2
        bFIT(np) = func1(bf(:,np));
    end
    %%%%%%%%%%%%%%新生成种群激励度%%%%%%%%%%%%%%%
    for np = 1:NP/2
        for j = 1:NP/2
            ndc(j) = sum(sqrt((bf(:,np)-bf(:,j)).^2));
            if ndc(j) < detas
                ndc(j) = 1;
            else
                ndc(j) = 0;
            end
        end
        bND(np) = sum(ndc)/NP/2;
    end
    bFIT = alfa*bFIT - belta*bND;
    %%%%%%%%%%%%免疫种群与新种群合并%%%%%%%%%%%%%%%%
    f1 = [af,bf];
    FIT1 = [aFIT,bFIT];
    [SortFIT,Index] = sort(FIT1);
    Sortf = f1(:,Index);
    gen = gen+1;
    trace(gen) = func1(Sortf(:,1));
end
%%%%%%%%%%%%%%%%输出优化结果%%%%%%%%%%%%%%%%%%%%
Bestf = Sortf(:,1);                      %最优变量
trace(end);                              %最优值
```

```
figure,plot(trace)
xlabel('迭代次数')
ylabel('目标函数值')
title('亲和度进化曲线')
%%%%%%%%%%%%%%%%%%亲和度函数%%%%%%%%%%%%%%%%%%
function result = func1(x)
summ = sum(x.^2);
result = summ;
```

例 4.2 求函数 $f(x,y) = 5\sin(xy) + x^2 + y^2$ 的最小值,其中 x 的取值范围为[−5,5], y 的取值范围为[−5,5]。这是一个有多个局部极值的函数,其函数值图形如图 4.3 所示。

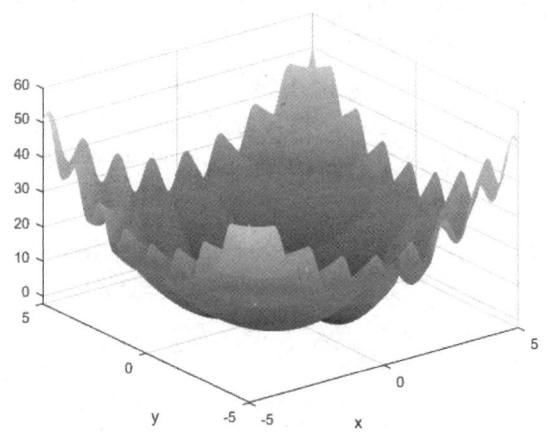

图 4.3 例 4.2 函数值图形

其 MATLAB 实现程序如下:

```
%%%%%%%%%%f(x,y)=5*sin(x*y)+x*x+y*y%%%%%%%%%%
clear all;              %清除所有变量
close all;              %清图
clc;                    %清屏
x=-5:0.01:5;
y=-5:0.01:5;
N=size(x,2);
for i=1:N
    for j=1:N
        z(i,j)=5*sin(x(i)*y(j))+x(i)*x(i)+y(j)*y(j);
```

```
            end
        end
mesh(x,y,z)
xlabel('x')
ylabel('y')
```

解：仿真过程如下：

（1）初始化免疫个体维数为 $D = 2$，免疫种群规模为 $N_P = 50$，最大免疫代数为 $G = 200$，变异概率为 $P_m = 0.7$，激励度系数为 alfa = 2，belta = 1，相似度阈值为 detas = 0.2，克隆体个数为 $N_{cl} = 5$；

（2）随机产生初始种群，计算个体亲和度、抗体浓度和激励度，并按激励度排序；

（3）取激励度前 $N_P/2$ 个个体进行克隆、变异、克隆抑制的免疫操作，对免疫后的种群进行激励度计算。

（4）随机生成 $N_P/2$ 个个体的新种群，并计算个体亲和度、抗体浓度和激励度；免疫种群和随机种群合并，按激励度排序，进行免疫迭代。

（5）判断是否满足终止条件：若满足，则结束搜索过程，输出优化值；若不满足，则继续进行迭代优化。

优化结束后，其亲和度进化曲线如图 4.4 所示，优化后的结果为：$x = 1.0767$，$y = -1.0767$，函数 $f(x, y)$ 的最小值为 -2.264。

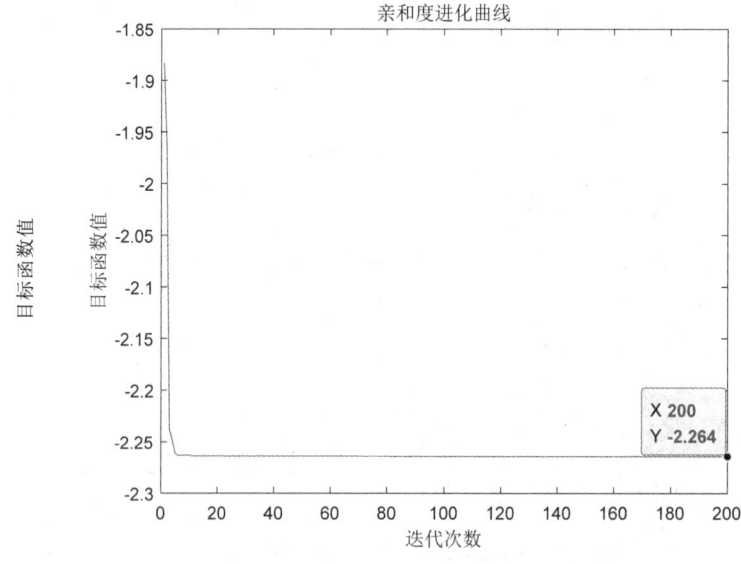

图 4.4　例 4.2 亲和度进化曲线

MATLAB 源程序如下：

```matlab
%%%%%%%%%%%%%%免疫算法求函数极值%%%%%%%%%%%%%%%%%%
%%%%%%%%%%%%%%%%%%初始化%%%%%%%%%%%%%%%%%%%%%%
clear all;                          %清除所有变量
close all;                          %清图
clc;                                %清屏
D = 2;                              %免疫个体维数
NP = 50;                            %免疫个体数目
Xs = 5;                             %取值上限
Xx = -5;                            %取值下限
G = 200;                            %最大免疫代数
pm = 0.7;                           %变异概率
alfa = 2;                           %激励度系数
belta = 1;                          %激励度系数
detas = 0.2;                        %相似度阈值
gen = 0;                            %免疫代数
Ncl = 5;                            %克隆体个数
deta0 = 0.5*Xs;                     %邻域范围初值
%%%%%%%%%%%%%%%%%初始种群%%%%%%%%%%%%%%%%%%%%%
f = rand(D,NP)*(Xs-Xx)+Xx;
for np = 1:NP
    FIT(np) = func2(f(:,np));
end
%%%%%%%%%%%%%%计算个体浓度和激励度%%%%%%%%%%%%%%%%
for np = 1:NP
    for j = 1:NP
        nd(j) = sum(sqrt((f(:,np)-f(:,j)).^2));
        if nd(j) < detas
            nd(j) = 1;
        else
            nd(j) = 0;
        end
    end
    ND(np) = sum(nd)/NP;
end
```

```matlab
FIT = alfa*FIT - belta*ND;
%%%%%%%%%%%%%激励度按升序排列%%%%%%%%%%%%%%%%%%%
[SortFIT,Index] = sort(FIT);
Sortf = f(:,Index);
%%%%%%%%%%%%%%%免疫循环%%%%%%%%%%%%%%%%%%%%%%%
while gen < G
    for i = 1:NP/2
        %%%%%%%选激励度前NP/2个个体进行免疫操作%%%%%%%%%
        a = Sortf(:,i);
        Na = repmat(a,1,Ncl);
        deta = deta0/gen;
        for j = 1:Ncl
            for ii = 1:D
                %%%%%%%%%%%%%变异%%%%%%%%%%%%%%%%%%
                if rand < pm
                    Na(ii,j) = Na(ii,j)+(rand-0.5)*deta;
                end
                %%%%%%%%%%%%边界条件处理%%%%%%%%%%%%%
                if (Na(ii,j) > Xs) | (Na(ii,j) < Xx)
                    Na(ii,j) = rand * (Xs-Xx)+Xx;
                end
            end
        end
        Na(:,1) = Sortf(:,i);               %保留克隆源个体
        %%%%%%%%克隆抑制,保留亲和度最高的个体%%%%%%%%%%
        for j = 1:Ncl
            NaFIT(j) = func2(Na(:,j));
        end
        [NaSortFIT,Index] = sort(NaFIT);
        aFIT(i) = NaSortFIT(1);
        NaSortf = Na(:,Index);
        af(:,i) = NaSortf(:,1);
    end
    %%%%%%%%%%%%%%%%免疫种群激励度%%%%%%%%%%%%%%%%%
    for np = 1:NP/2
```

```
    for j = 1:NP/2
        nda(j) = sum(sqrt((af(:,np)-af(:,j)).^2));
        if nda(j) < detas
            nda(j) = 1;
        else
            nda(j) = 0;
        end
    end
    aND(np) = sum(nda)/NP/2;
end
aFIT = alfa*aFIT - belta*aND;
%%%%%%%%%%%%%%%种群刷新%%%%%%%%%%%%%%%%
bf = rand(D,NP/2)*(Xs-Xx)+Xx;
for np = 1:NP/2
    bFIT(np) = func2(bf(:,np));
end
%%%%%%%%%%%%%%新生成种群激励度%%%%%%%%%%%%%%%
for np = 1:NP/2
    for j = 1:NP/2
        ndc(j) = sum(sqrt((bf(:,np)-bf(:,j)).^2));
        if ndc(j) < detas
            ndc(j) = 1;
        else
            ndc(j) = 0;
        end
    end
    bND(np) = sum(ndc)/NP/2;
end
bFIT = alfa*bFIT - belta*bND;
%%%%%%%%%%%%免疫种群与新种群合并%%%%%%%%%%%%%%
f1 = [af,bf];
FIT1 = [aFIT,bFIT];
[SortFIT,Index] = sort(FIT1);
Sortf = f1(:,Index);
gen = gen+1;
```

```
            trace(gen) = func2(Sortf(:,1));
end
%%%%%%%%%%%%%%%%%输出优化结果%%%%%%%%%%%%%%%%%
Bestf = Sortf(:,1);                  %最优变量
trace(end);                          %最优值
figure,plot(trace)
xlabel('迭代次数')
ylabel('目标函数值')
title('亲和度进化曲线')
%%%%%%%%%%%%%%%%%亲和度函数%%%%%%%%%%%%%%%%%
function value = func2(x)
value = 5*sin(x(1)*x(2))+x(1)*x(1)+x(2)*x(2);
```

例 4.3 旅行商问题（TSP）。假设有一个旅行的商人要拜访全国 31 个省会城市，他需要选择所要走的路径，路径的限制是每个城市只能拜访一次，而且最后要回到原来出发的城市。路径的选择要求是：所选路径的路程为所有路径之中的最小值。

全国 31 个省会城市的坐标为[1304 2312; 3639 1315; 4177 2244; 3712 1399; 3488 1535; 3326 1556; 3238 1229; 4196 1004; 4312 790; 4386 570; 3007 1970; 2562 1756; 2788 1491; 2381 1676; 1332 695; 3715 1678; 3918 2179; 4061 2370; 3780 2212; 3676 2578; 4029 2838; 4263 2931; 3429 1908; 3507 2367; 3394 2643; 3439 3201; 2935 3240; 3140 3550; 2545 2357; 2778 2826; 2370 2975]。

解：仿真过程如下：

（1）初始化免疫个体维数为城市个数 $N = 31$，免疫种群规模为 $N_P = 200$，最大免疫代数为 $G = 1000$，克隆体个数为 $N_{cl} = 10$；计算任意两个城市间的距离矩阵 D。

（2）随机产生初始种群，计算个体亲和度，并按亲和度排序。

（3）在取亲和度前对 $N_P/2$ 个个体进行克隆操作，并对每个源个体产生的克隆体进行任意交换两个城市坐标的变异操作；然后计算其亲和度，进行克隆抑制操作，只保留亲和度最高的个体，从而产生新的免疫种群。

（4）随机生成 $N_P/2$ 个个体的新种群，并计算个体亲和度；免疫种群和随机种群合并，按亲和度排序，进行免疫迭代。

（5）判断是否满足终止条件：若满足，则结束搜索过程，输出优化值；若不满足，则继续进行迭代优化。

优化后的路径如图 4.5 所示，亲和度进化曲线如图 4.6 所示。

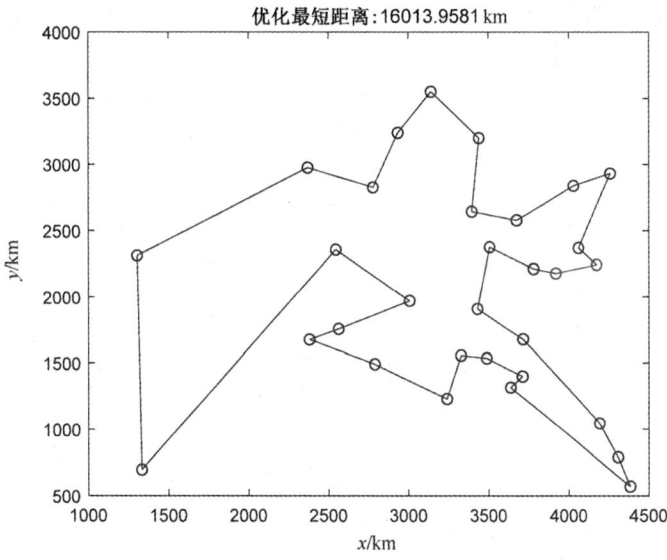

图 4.5　例 4.3 优化后的路径

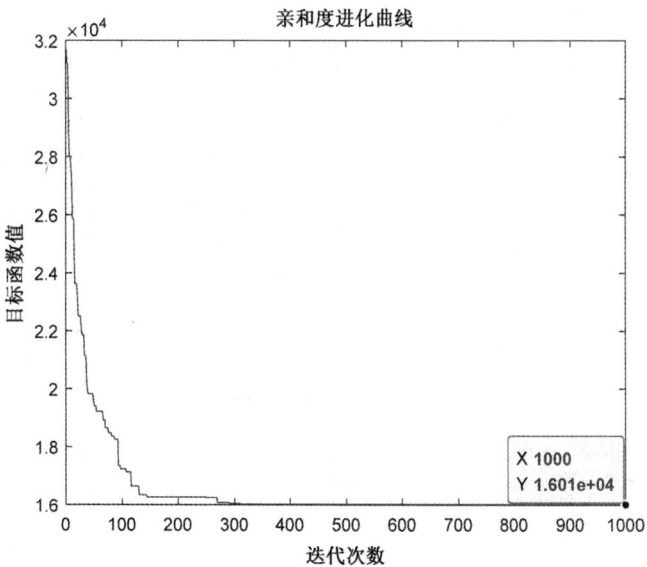

图 4.6　例 4.3 亲和度进化曲线

MATLAB 源程序如下：

%%%%%%%%%%%%%%%%免疫算法求解 TSP%%%%%%%%%%%%%%%%%%
%%%%%%%%%%%%%%%%%%%%%初始化%%%%%%%%%%%%%%%%%%%%%%%%

```matlab
clear all;                              %清除所有变量
close all;                              %清图
clc;                                    %清屏
C = [1304 2312;3639 1315;4177 2244;3712 1399;3488 1535;3326 1556;...
    3238 1229;4196 1044;4312 790;4386 570;3007 1970;2562 1756;...
    2788 1491;2381 1676;1332 695;3715 1678;3918 2179;4061 2370;...
    3780 2212;3676 2578;4029 2838;4263 2931;3429 1908;3507 2376;...
    3394 2643;3439 3201;2935 3240;3140 3550;2545 2357;2778 2826;...
    2370 2975];                         %31个省会城市坐标
N = size(C,1);                          %TSP的规模,即城市数目
D = zeros(N);                           %任意两个城市距离间隔矩阵
%%%%%%%%%%%%%求任意两个城市距离间隔矩阵%%%%%%%%%%%%%
for i = 1:N
    for j = 1:N
        D(i,j) = ((C(i,1)-C(j,1))^2+(C(i,2)-C(j,2))^2)^0.5;
    end
end
NP = 200;                               %免疫个体数目
G = 1000;                               %最大免疫代数
f = zeros(N,NP);                        %用于存储种群
for i = 1:NP
    f(:,i) = randperm(N);               %随机生成初始种群
end
len = zeros(NP,1);                      %存储路径长度
for i = 1:NP
    len(i) = func3(D,f(:,i),N);         %计算路径长度
end
[Sortlen,Index] = sort(len);
Sortf = f(:,Index);                     %种群个体排序
gen = 0;                                %免疫代数
Ncl = 10;                               %克隆体个数
%%%%%%%%%%%%%免疫循环%%%%%%%%%%%%%%%%
while gen < G
    for i = 1:NP/2
        %%%%%%%选激励度前NP/2个个体进行免疫操作%%%%%%%
        a = Sortf(:,i);
```

```
            Ca = repmat(a,1,Ncl);
            for j = 1:Ncl
                p1 = floor(1+N*rand());
                p2 = floor(1+N*rand());
                while p1==p2
                    p1 = floor(1+N*rand());
                    p2 = floor(1+N*rand());
                end
                tmp = Ca(p1,j);
                Ca(p1,j) = Ca(p2,j);
                Ca(p2,j) = tmp;
            end
            Ca(:,1) = Sortf(:,i);                    %保留克隆源个体
        %%%%%%%%%克隆抑制，保留亲和度最高的个体%%%%%%%%%
            for j = 1:Ncl
                Calen(j) = func3(D,Ca(:,j),N);
            end
            [SortCalen,Index] = sort(Calen);
            SortCa = Ca(:,Index);
            af(:,i) = SortCa(:,1);
            alen(i) = SortCalen(1);
    end
    %%%%%%%%%%%%%%%%%%种群刷新%%%%%%%%%%%%%%%%%%
    for i = 1:NP/2
        bf(:,i) = randperm(N);              %随机生成初始种群
        blen(i) = func3(D,bf(:,i),N);       %计算路径长度
    end
    %%%%%%%%%%%%%%免疫种群与新种群合并%%%%%%%%%%%%%%
    f = [af,bf];
    len = [alen,blen];
    [Sortlen,Index] = sort(len);
    Sortf = f(:,Index);
    gen = gen+1;
    trace(gen) = Sortlen(1);
end
%%%%%%%%%%%%%%%%%输出优化结果%%%%%%%%%%%%%%%%%%
```

```
Bestf = Sortf(:,1);                    %最优变量
Bestlen = trace(end);                  %最优值
figure
for i = 1:N-1
    plot([C(Bestf(i),1),C(Bestf(i+1),1)],...
        [C(Bestf(i),2),C(Bestf(i+1),2)],'bo-');
    hold on;
end
plot([C(Bestf(N),1),C(Bestf(1),1)],...
    [C(Bestf(N),2),C(Bestf(1),2)],'ro-');
title(['优化最短距离:',num2str(trace(end))]);
figure,plot(trace)
xlabel('迭代次数')
ylabel('目标函数值')
title('亲和度进化曲线')
%%%%%%%%%%%%%%%%%%计算路线总长度%%%%%%%%%%%%%%%%%%
function len = func3(D,f,N)
len = D(f(N),f(1));
for i = 1:(N-1)
    len = len+D(f(i),f(i+1));
end
```

参考文献

[1] BURNET F M. The Clonal Selection Theory of Acquired Immunity [M]. Cambridge University Press, 1959.

[2] JERNE N K. Towards a Network Theory of the Immune System [J]. Annual Immunology, 1974(125): 373-389.

[3] MORI K, TSUKIYAMA M, FUKUDA T. Application of an Immune Algorithm to Multi-optimization Problems [J]. Electrical Engineering in Japan, 1998, 122(2): 30-37.

[4] 王磊, 潘进, 焦李成. 免疫算法[J]. 电子学报, 2000, 28(7): 74-78.

[5] YAMADA K, NISHIOKA K. Understanding driving situations using a network model [C]. Intelligent Vehicles Symposium, 1995: 48-53.

[6] ISHIGURO A, KUBOSHIKI S. Gait coordination of hexapod walking robots

using mutual-coupled immune networks [C]. Proceedings of the IEEE Conference on Evolutionary Computation, 1995: 672-677.

[7] 杨明慧, 彭玉楼, 傅明. 实数编码的克隆选择算法的网络入侵检测[J]. 计算机工程与应用, 2005(28): 135-159.

[8] 焦李成, 杜海峰. 人工免疫系统进展与展望[J]. 电子学报, 2003(10): 1540-1548.

[9] 孙宁. 人工免疫优化算法及其应用研究[D]. 哈尔滨: 哈尔滨工业大学, 2006: 19-44.

[10] DE CATRO L N, VON ZUBEN F J. Data miming: a heuristic approach [M]. USA: Idea Group Publishing, 2001.

[11] CHUN J S, JUNG H K, HAHN S Y. A study on comparison of optimization performance between immune algorithm and other heuristic algorithms [J]. IEEE Transactions on Magnetics, 1998(34): 2972-2975.

[12] FORREST S, PERELSON A S, ALLEN L, et al. Self-nonself discrimination in a computer [C]. Proceedings of the 1994 IEEE Symposium on Research in Security and Privacy, 1994: 202-212.

[13] JIAO L C, WANG L. A novel genetic algorithm based on immunity [C]. IEEE Transactions on System, Man, and Cybernetics, Part A: Systems and Humans, 2000(30): 552-561.

第 5 章
蚁群算法

5.1 引言

在自然界中各种生物群体显现出来的智能近几十年来得到了学者们的广泛关注，学者们通过对简单生物体的群体行为进行模拟，进而提出了群智能算法。其中，模拟蚁群觅食过程的蚁群优化算法（Ant Colony Optimization，ACO）和模拟鸟群运动方式的粒子群算法（Particle Swarm Optimization，PSO）是两种最主要的群智能算法。本章介绍蚁群优化算法（简称蚁群算法），粒子群算法将在第 6 章介绍。

蚁群算法是一种源于大自然生物群体的新的仿生进化算法，是由意大利学者 M. Dorigo，V. Maniezzo 和 A. Colorni 等人于 20 世纪 90 年代初期通过模拟自然界中蚂蚁集体寻径行为而提出的一种基于种群的启发式随机搜索算法[1]。蚂蚁有能力在没有任何提示的情形下找到从巢穴到食物源的最短路径，并且能随环境的变化而自适应地搜索新的路径，产生新的选择。其根本原因是蚂蚁在寻找食物时，能够在其走过的路径上释放一种特殊的分泌物——信息素[2]（也称外激素），随着时间的推移该物质会逐渐挥发，后来的蚂蚁选择该路径的概率与当时这条路径上的信息素强度成正比。当一条路径上通过的蚂蚁越来越多时，留下的信息素也越来越多，后来蚂蚁选择该路径的概率也就越高，从而更增加了该路径上的信息素强度。而强度大的信息素会吸引更多的蚂蚁，从而形成一种正反馈机制。通过这种正反馈机制，蚂蚁最终可以发现最短路径。

最早的蚁群算法是蚂蚁系统（Ant System，AS），研究者们根据不同的改进策略对蚂蚁系统进行改进并开发了不同版本的蚁群算法，且成功地应用于优化领域。用蚁群算法求解旅行商问题（TSP）、分配问题、车间作业调度（job-shop）问题，取得了较好的试验结果[3-6]。蚁群算法具有分布式计算、无中心控制和分布式个体之间间接通信等特征，易于与其他优化算法相结合，它通过简单个体之间的协作表现出了求解复杂问题的能力，已被广泛应用于优化问题求解。蚁群算法相对而言易于实现，且算法中并不涉及复杂的数学操作，其处理过程对计算机的软硬件要求也不高，因此对它的研究在理论和实践中都具有重要的意义。

目前，国内外的许多研究者和研究机构都开展了对蚁群算法理论和应用的研究，蚁群算法已成为国际计算智能领域关注的热点课题。虽然目前蚁群算法没有形成严格的理论基础，但它作为一种新兴的进化算法已在智能优化等领域表现出强大的生命力。

5.2 蚁群算法理论

蚁群算法是对自然界蚂蚁的寻径方式进行模拟而得出的一种仿生算法。蚂蚁在运动过程中，能够在它所经过的路径上留下信息素进行信息传递，而且蚂蚁在运动过程中能够感知这种物质，并以此来指导自己的运动方向。因此，由大量蚂蚁组成的蚁群的集体行为便表现出一种信息正反馈现象：某一路径上走过的蚂蚁越多，则后来者选择该路径的概率就越大[7]。

5.2.1 真实蚁群的觅食过程

为了说明蚁群算法的原理，先简要介绍一下蚂蚁搜寻食物的具体过程。在自然界中，蚁群在寻找食物时，它们总能找到一条从食物到巢穴之间的最优路径。这是因为蚂蚁在寻找路径时会在路径上释放出一种特殊的信息素。蚁群算法的信息交互主要是通过信息素来完成的。蚂蚁在运动过程中，能够感知这种物质的存在和强度。初始阶段，环境中没有信息素的遗留，蚂蚁在寻找食物时完全是随机选择路径的，随后在寻找该食物源的过程中就会受到先前蚂蚁所残留的信息素的影响，表现为蚂蚁在选择路径时趋向于选择信息素浓度高的路径。同时，信息素是一种挥发性化学物质，会随着时间的推移而慢慢地消逝。如果每只蚂蚁在单位距离上留下的信息素相同，那较短路径上残留的信息素浓度就相对较高，被后来的蚂蚁选择的概率就更大，从而导致在这条短路径上走的蚂蚁就越多。而经过的蚂蚁越多，该路径上残留的信息素就将更多，这样使得整个蚁群的集体行为构成了信息素的正反馈过程,最终整个蚁群会找出最优路径。

例如蚂蚁从 A 点出发,速度相同,食物在 D 点,则它可能随机选择路线 ABD 或 ACD。假设初始时每条路线分配一只蚂蚁,每个时间单位行走一步。图 5.1 所示为经过 8 个时间单位时的情形:走路线 ABD 的蚂蚁到达终点;而走路线 ACD 的蚂蚁刚好走到 C 点,为一半路程。

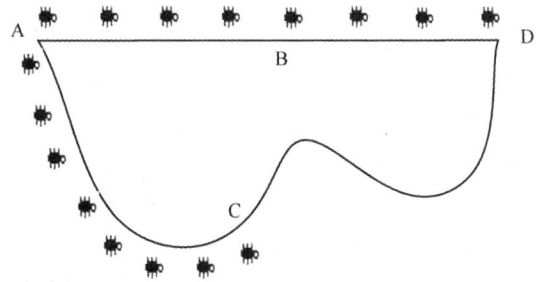

图 5.1　蚂蚁出发后经过 8 个时间单位时的情形

图 5.2 表示从开始算起,经过 16 个时间单位时的情形:走路线 ABD 的蚂蚁到达终点后得到食物又返回了起点 A,而走路线 ACD 的蚂蚁刚好走到 D 点。

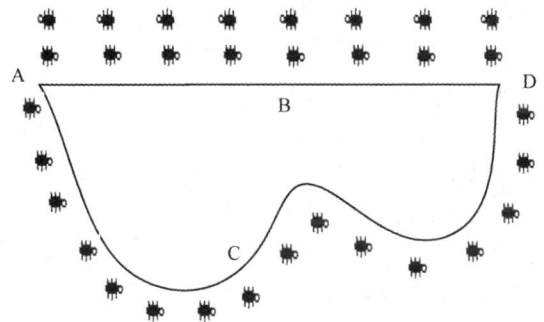

图 5.2　蚂蚁出发后经过 16 个时间单位时的情形

假设蚂蚁每经过一处所留下的信息素为 1 个单位,则经过 32 个时间单位后,所有开始一起出发的蚂蚁都经过不同路径从 D 点取得了食物。此时 ABD 的路线往返了两趟,每一处的信息素为 4 个单位;而 ACD 的路线只往返了一趟,每一处的信息素为 2 个单位;其比值为 2∶1。

寻找食物的过程继续进行,则按信息素的指导,蚁群在 ABD 路线上增派一只蚂蚁(共 2 只),而 ACD 路线上仍然为一只蚂蚁。再经过 32 个时间单位后,两条线路上的信息素单位积累分别为 12 和 4,其比值为 3∶1。

若按以上规则继续,蚁群在 ABD 路线上再增派一只蚂蚁(共 3 只),而 ACD 路线上仍然为一只蚂蚁。再经过 32 个时间单位后,两条线路上的信息素单位积累分别为 24 和 6，其比值为 4∶1。

若继续进行，则按信息素的指导，最终所有的蚂蚁都会放弃 ACD 路线，而选择 ABD 路线。这也就是前面所提到的正反馈效应。

5.2.2 人工蚁群的优化过程

基于以上真实蚁群寻找食物时的最优路径选择问题，可以构造人工蚁群来解决最优化问题，如旅行商问题（TSP）。人工蚁群中把具有简单功能的工作单元看作蚂蚁。人工蚁群和真实蚂蚁的相似之处在于均优先选择信息素浓度大的路径。较短路径的信息素浓度高，所以能够最终被所有蚂蚁选择，也就是最终的优化结果。二者的区别在于人工蚁群有一定的记忆能力，能够记忆已经访问过的节点。同时，人工蚁群在选择下一条路径时按一定算法规律有意识地寻找最短路径，而不是盲目的。例如在 TSP 中，可以预先知道当前城市到下一个目的地的距离。

在 TSP 的人工蚁群算法中，假设 m 只蚂蚁在图 5.2 中的相邻节点间移动，从而协作异步地得到问题的解。每只蚂蚁的一步转移概率由图中的每条边上的两类参数决定：一是信息素值，也称信息素痕迹；二是可见度，即先验值。

信息素的更新方式有两种：一是挥发，也就是所有路径上的信息素以一定的比率减少，模拟自然蚁群的信息素随时间挥发的过程；二是增强，给评价值"好"（有蚂蚁走过）的边增加信息素。

蚂蚁向下一个目标的运动是通过一个随机原则来实现的，也就是运用当前所在节点存储的信息，计算出下一步可达节点的概率，并按此概率实现一步移动，如此往复，越来越接近最优解。

蚂蚁在寻径过程中，或在找到一个解后，会评估该解或解的一部分的优化程度，并把评价信息保存在相关连接的信息素中。

5.2.3 真实蚂蚁与人工蚂蚁的异同

蚁群算法是一种基于群体的、用于求解复杂优化问题的通用搜索技术。与真实蚂蚁通过外信息的留存、跟随行为进行间接通信相似，蚁群算法中一群简单的人工蚂蚁通过信息素进行间接通信，并利用该信息和与问题相关的启发式信息逐步构造问题的解。

人工蚂蚁具有双重特性：一方面，它们是真实蚂蚁的抽象，具有真实蚂蚁的特性；另一方面，它们还有一些真实蚂蚁没有的特性，这些新的特性使人工蚂蚁在解决实际优化问题时，具有更强的搜索最优解的能力。

人工蚂蚁与真实蚂蚁的相同点为：

（1）都是一群相互协作的个体。与真实蚁群一样，用以实现蚁群算法的一群人工蚂蚁，彼此之间通过同步/异步协作来寻找问题的最优解。虽然单只人工蚂蚁也可以构造出问题的解，但只有多只人工蚂蚁通过相互协作，才能发现问题的最优（次优）解。人工蚂蚁个体间通过写/读问题的状态变量来进行协作。

（2）都使用信息素的迹和蒸发机制。如同真实蚂蚁一样，人工蚂蚁通过改变所访问过的问题的数字状态信息来进行间接的协作。在蚁群算法中，信息素是人工蚂蚁之间进行交流的唯一途径。这种通信方式在群体知识的利用上起到了至关重要的作用。另外，蚁群算法还用到了蒸发机制，这一点对应于真实蚂蚁中信息素的蒸发现象。蒸发机制使蚁群逐渐忘记过去的历史，使后来的蚂蚁在搜索中较少受到过去较差解的影响，从而更好地指导蚂蚁的搜索方向。

（3）搜索最短路径与局部移动。人工蚂蚁和真实蚂蚁具有相同的任务，即以局部移动的方式构造出从原点（蚁巢）到目的点（食物源）之间的最短路径。

（4）随机状态转移策略。人工蚂蚁和真实蚂蚁都按照概率决策规则从一种状态转移到另一种相邻状态。其中的概率决策规则是与问题相关的信息和局部环境信息的函数。在状态转移过程中，人工蚂蚁和真实蚂蚁都只用到了局部信息，没有使用前瞻策略来预见将来的状态。

人工蚂蚁和真实蚂蚁的不同点为：

（1）人工蚂蚁生活在离散的时间点上，从一种离散状态到另一种离散状态。

（2）人工蚂蚁具有内部状态，即人工蚂蚁具有一定的记忆能力，能记住自己走过的地方。

（3）人工蚂蚁释放信息素的数量是其生成解的质量的函数。

（4）人工蚂蚁更新信息素的时机依赖于特定的问题。例如，大多数人工蚂蚁仅仅在其找到一个解之后才更新路径上的信息素。

5.2.4 蚁群算法的特点

蚁群算法是通过对生物特征的模拟而得到的一种优化算法，它本身具有很多优点：

（1）蚁群算法是一种本质上的并行算法。每只蚂蚁搜索的过程彼此独立，仅通过信息素进行通信。所以，蚁群算法可以看作一个分布式的多智能体系统，它在问题空间的多个点上同时开始进行独立的解搜索，不仅增加了算法的可靠性，也使得算法具有较强的全局搜索能力。

（2）蚁群算法是一种自组织的算法。所谓自组织，就是组织力或组织指令来自系统的内部，以区别于其他组织。如果系统在获得空间、时间或者功能结构的过程中,没有外界的特定干预,就可以说系统是自组织的。简单地说,自组织就是系统从无序到有序的变化过程。

(3) 蚁群算法具有较强的鲁棒性。相对于其他算法,蚁群算法对初始路线的要求不高,即蚁群算法的求解结果不依赖于初始路线的选择,而且在搜索过程中不需要进行人工调整。此外,蚁群算法的参数较少,设置简单,因而该算法适合应用于组合优化问题的求解。

(4) 蚁群算法是一种正反馈算法。从真实蚂蚁的觅食过程中不难看出,蚂蚁能够最终找到最优路径,直接依赖于它们在路径上信息素的堆积,而信息素的堆积是一个正反馈的过程。正反馈是蚁群算法的重要特征,它使得算法进化过程得以进行。

5.3 基本蚁群算法及其流程

这里以旅行商问题(TSP)为例介绍基本蚁群算法及其流程。基本蚁群算法可以表述如下[8]:在算法的初始时刻,将 m 只蚂蚁随机地放到 n 座城市,同时,将每只蚂蚁的禁忌表 tabu 的第一个元素设置为它当前所在的城市。此时各路径上的信息素量相等,设 $\tau_{ij}(0) = c$(c 为一较小的常数),接下来,每只蚂蚁根据路径上残留的信息素量和启发式信息(两城市间的距离)独立地选择下一座城市,在时刻 t,蚂蚁 k 从城市 i 转移到城市 j 的概率 $p_{ij}^k(t)$ 为

$$p_{ij}^k(t) = \begin{cases} \dfrac{\left[\tau_{ij}(t)\right]^\alpha \cdot \left[\eta_{ij}(t)\right]^\beta}{\sum\limits_{s \in J_k(i)} \left[\tau_{is}(t)\right]^\alpha \cdot \left[\eta_{is}\right]^\beta}, & \text{当 } j \in J_k(i) \text{ 时} \\ 0, & \text{其他} \end{cases} \quad (5.1)$$

式中,$J_k(i) = \{1, 2, \cdots, n\}$-$tabu_k$ 表示蚂蚁 k 下一步允许选择的城市集合。禁忌表 $tabu_k$ 记录了蚂蚁 k 当前走过的城市。当所有 n 座城市都加入禁忌表 $tabu_k$ 中时,蚂蚁 k 便完成了一次周游,此时蚂蚁 k 所走过的路径便是 TSP 的一个可行解。式(5.1)中的 η_{ij} 是一个启发式因子,表示蚂蚁从城市 i 转移到城市 j 的期望程度。在蚁群算法中,η_{ij} 通常取城市 i 与城市 j 之间距离的倒数。α 和 β 分别表示信息素和期望启发式因子的相对重要程度。当所有蚂蚁完成一次周游后,各路径上的信息素根据式(5.2)更新:

$$\tau_{ij}(t+n) = (1-\rho) \cdot \tau_{ij}(t) + \Delta\tau_{ij} \quad (5.2)$$

式中:ρ($0<\rho<1$)表示路径上信息素的蒸发系数,$1-\rho$ 表示信息素的持久性系数;$\Delta\tau_{ij}$ 表示本次迭代中边 ij 上信息素的增量,即

$$\Delta \tau_{ij} = \sum_{k=1}^{m} \Delta \tau_{ij}^{k} \tag{5.3}$$

其中$\Delta \tau_{ij}^{k}$表示第k只蚂蚁在本次迭代中留在边ij上的信息素量，如果蚂蚁k没有经过边ij，则$\Delta \tau_{ij}^{k}$的值为零。$\Delta \tau_{ij}^{k}$可表示为：

$$\Delta \tau_{ij}^{k} = \begin{cases} \dfrac{Q}{L_k}, & \text{当蚂蚁}k\text{在本次周游中经过边}ij\text{ 时} \\ 0, & \text{其他} \end{cases} \tag{5.4}$$

式中，Q为正常数，L_k表示第k只蚂蚁在本次周游中所走过路径的长度。

M. Dorigo 提出了 3 种蚁群算法的模型，其中式（5.4）称为 ant-cycle 模型，另外两个模型分别称为 ant-quantity 模型和 ant-density 模型，其差别主要在于$\Delta \tau_{ij}^{k}$的表示：在 ant-quantity 模型中表示为

$$\Delta \tau_{ij}^{k} = \begin{cases} \dfrac{Q}{d_{ij}}, & \text{当蚂蚁}k\text{在时刻}t\text{和}t+1\text{经过边}ij\text{ 时} \\ 0, & \text{其他} \end{cases} \tag{5.5}$$

而在 ant-density 模型中表示为

$$\Delta \tau_{ij}^{k} = \begin{cases} Q, & \text{当蚂蚁}k\text{在时刻}t\text{和}t+1\text{经过边}ij\text{ 时} \\ 0, & \text{其他} \end{cases} \tag{5.6}$$

蚁群算法实际上是正反馈原理和启发式算法相结合的一种算法。在选择路径时，蚂蚁不仅利用了路径上的信息素，而且用到了城市间距离的倒数作为启发式因子。实验结果表明，ant-cycle 模型比 ant-quantity 和 ant-density 模型有更好的性能。这是因为 ant-cycle 模型利用全局信息更新路径上的信息素量，而 ant-quantity 和 ant-density 模型使用局部信息。

基本蚁群算法的具体实现步骤如下：

（1）变量初始化。令时间$t=0$和循环次数$N_c=0$，设置最大循环次数G，将m只蚂蚁置于n个元素（城市）上，令有向图上每条边(i,j)的初始化信息量$\tau_{ij}(t)=c$，其中c表示常数，且初始时刻$\Delta \tau_{ij}(0)=0$。

（2）循环次数$N_c=N_c+1$。

（3）蚂蚁的禁忌表索引号$k=1$。

（4）蚂蚁数目 $k=k+1$。

（5）蚂蚁个体根据状态转移概率公式（5.1）计算的概率选择元素j并前进，$j\in\{J_k(i)\}$。

（6）修改禁忌表指针，即选择好之后将蚂蚁移动到新的元素，并把该元素移动到该蚂蚁个体的禁忌表中。

（7）若集合 C 中元素未遍历完，即 $k < m$，则跳转到步骤（4）；否则，执行步骤（8）。

（8）记录本次最佳路线。

（9）根据式（5.2）和式（5.3）更新每条路径上的信息量。

（10）若满足结束条件，即如果循环次数 $N_c \geqslant G$，则循环结束并输出程序优化结果；否则，清空禁忌表并跳转到步骤（2）。

蚁群算法的运算流程如图 5.3 所示。

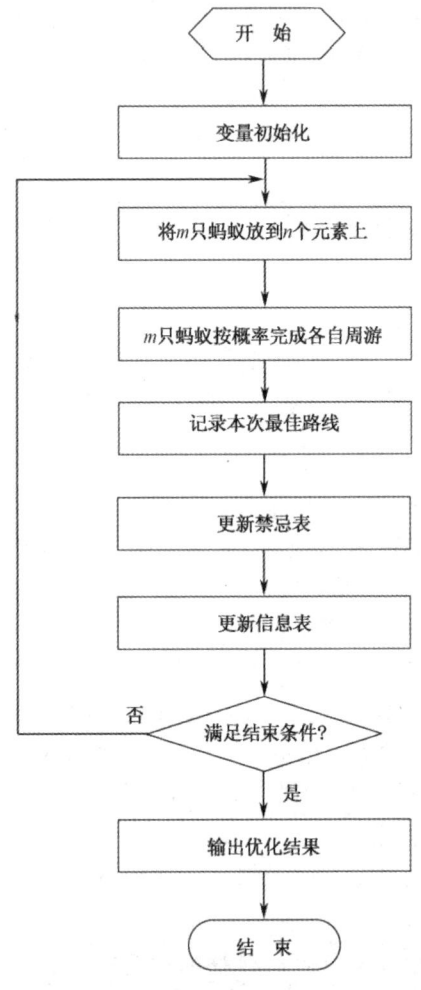

图 5.3 蚁群算法的运算流程

5.4 改进的蚁群算法

针对基本蚁群算法一般需要较长的搜索时间和容易出现停滞现象等不足,很多学者在此基础上提出改进算法,提高了算法的性能和效率。

5.4.1 精英蚂蚁系统

精英蚂蚁系统是针对基本蚁群系统算法的第一次改进,首先由 M. Dorigo 等人提出[9]。该算法将已经发现的最好解称为 T^{bs}(best-so-far),而该路径在修改信息素轨迹时,人工释放额外的信息素,以增强正反馈的效果。相应的信息素的修改公式为

$$\Delta \tau_{ij} = \sum_{k=1}^{m} \Delta \tau_{ij}^k + e\Delta \tau_{ij}^{bs} \tag{5.7}$$

式中,e 是调整 T^{bs} 影响权重的参数,而 $\Delta \tau_{ij}^{bs}$ 由下式给出:

$$\Delta \tau_{ij}^{bs} = \begin{cases} \dfrac{1}{L_{bs}}, & (i,j) \in T^{bs} \\ 0, & 其他 \end{cases} \tag{5.8}$$

其中 L_{bs} 是已知最优路径 T^{bs} 的长度。

5.4.2 最大最小蚂蚁系统

为了克服基本蚁群系统中可能出现的停滞现象,Thomas Stutzle 等人提出了最大–最小(MAX-MIN)蚁群系统[10],主要有三方面的不同:

(1)与蚁群系统相似,为了充分利用循环最优解和目前为止找出的最优解,在每次循环之后,只有一只蚂蚁进行信息素更新。这只蚂蚁可能是找出当前循环中最优解的蚂蚁(迭代最优的蚂蚁),也可能是找出从实验开始以来最优解的蚂蚁(全局最优的蚂蚁);而在蚁群系统中,对所有蚂蚁走过的路径都进行信息素更新。

(2)为避免搜索的停滞,在每个解元素(TSP 中是每条边)上的信息素轨迹量的值域范围被限制在[τ_{min}, τ_{max}]区间内;而在蚁群系统中信息素轨迹量不被限制,使得一些路径上的轨迹量远高于其他边,从而蚂蚁都沿着同条路径移动,阻止了进一步搜索更优解的行为。

(3)为使蚂蚁在算法的初始阶段能够更多地搜索新的解决方案,将信息素初始化为 τ_{max};而在蚁群系统中没有这样的设置。

5.4.3 基于排序的蚁群算法

基于排序的蚁群算法（Rank-Based Ant System）是 Bullnheimer、Hartl 和 Strauss 等人提出的[11]。在该算法中，每只蚂蚁释放的信息素按照它们不同的等级进行挥发，另外类似于精英蚁群算法，精英蚂蚁在每次循环中释放更多的信息素。在修改信息素路径前，蚂蚁按照它们的旅行长度进行排名（短的靠前），蚂蚁释放信息素的量要和蚂蚁的排名相乘。在每次循环中，只有排名前 $w-1$ 位的蚂蚁和精英蚂蚁才允许在路径上释放信息素。已知的最优路径给以最强的反馈，和系数 w 相乘；而排名第 r 位的蚂蚁则乘以系数 "$w-r$" （≥0）。信息素表达式如下：

$$\Delta \tau_{ij} = \sum_{r=1}^{w-1}(w-r)\Delta \tau_{ij}^r + w\Delta \tau_{ij}^{bs} \qquad (5.9)$$

式中，

$$\Delta \tau_{ij}^r = \begin{cases} \dfrac{1}{L_r}, & (i,j) \in T^r \\ 0, & \text{其他} \end{cases} \qquad (5.10)$$

L_r 是排名为第 r 位的蚂蚁的旅行路径的长度。

5.4.4 自适应蚁群算法

基本蚁群系统让信息量最大的路径对每次路径的选择和信息量的更新起主要作用，但由于强化了最优信息反馈，这就可能导致"早熟"停滞现象。而最大最小蚁群算法将各个路径上的信息量的更新限定在固定的范围内，这虽然在一定程度上避免了"早熟"停滞现象，但在解分布较分散时会导致收敛速度变慢。以上方法的共同缺点在于：它们都按一种固定不变的模式去更新信息量和确定每次路径的选择概率。

为了克服以上算法的不足，L. M. Gambardella 和 M. Dorigo 提出了基于调节信息素挥发度的自适应蚁群算法[12]。相对基本蚁群算法的改进如下：

（1）在每次循环结束后求出最优解，并将其保留。

（2）自适应地改变 ρ 值。当问题规模比较大时，由于信息量的挥发系数 ρ 的存在，使那些从未被搜索到的信息量会减小到接近于 0，降低了算法的全局搜索能力；当 ρ 过大且解的信息量增大时，以前搜索过的解被选择的可能性过大，也会影响到算法的全局搜索能力；通过减小 ρ 虽然可以提高算法的全局搜索能力，但又会使算法的收敛速度降低。因此可以自适应地改变 ρ 的值。ρ 的初始值 $\rho(t_0)=1$；当算法求得的最优值在 N 次循环内没有明显改进时，ρ 减为

$$\rho(t) = \begin{cases} 0.95\rho(t-1), & \text{当}\ 0.95\rho(t-1) \geqslant \rho_{\min}\text{时} \\ \rho_{\min}, & \text{其他} \end{cases} \quad (5.11)$$

式中：$\rho_{\min}$ 为 ρ 的最小值，它可以防止 ρ 过小而降低算法的收敛速度。

5.5 关键参数说明

在蚁群算法中，不仅信息素和启发函数乘积以及蚂蚁之间的合作行为会严重影响到算法的收敛性，蚁群算法的参数也是影响其求解性能和效率的关键因素。信息素启发式因子 α、期望启发因子 β、信息素蒸发系数 ρ、信息素强度 Q、蚂蚁数目 m 等都是非常重要的参数，其选取方法和选取原则直接影响到蚁群算法的全局收敛性和求解效率。

信息素启发式因子 α

信息素启发式因子 α 代表信息量对是否选择当前路径的影响程度，即反映蚂蚁在运动过程中所积累的信息量在指导蚁群搜索中的相对重要程度。α 的大小反映了蚁群在路径搜索中随机性因素作用的强度，其值越大，蚂蚁在选择以前走过的路径的可能性就越大，搜索的随机性就会减弱；而当启发式因子 α 的值过小时，则易使蚁群的搜索过早陷于局部最优。根据经验，信息素启发式因子 α 取值范围一般为[1, 4]时，蚁群算法的综合求解性能较好。

期望启发因子 β

期望启发因子 β 表示在搜索时路径上的信息素在指导蚂蚁选择路径时的向导性，它的大小反映了蚁群在搜索最优路径的过程中的先验性和确定性因素的作用强度。期望启发因子 β 的值越大，蚂蚁在某个局部点上选择局部最短路径的可能性就越大，虽然这个时候算法的收敛速度得以加快，但蚁群搜索最优路径的随机性减弱，而此时搜索易于陷入局部最优解。根据经验，期望启发因子 β 取值范围一般为[3, 5]，此时蚁群算法的综合求解性能较好。

实际上，信息素启发式因子 α 和期望启发因子 β 是一对关联性很强的参数：蚁群算法的全局寻优性能，首先要求蚁群的搜索过程必须要有很强的随机性；而蚁群算法的快速收敛性能，又要求蚁群的搜索过程必须要有较高的确定性。因此，两者对蚁群算法性能的影响和作用是相互配合、密切相关的，算法要获得最优解，就必须在这二者之间选取一个平衡点，只有正确选定它们之间的搭配关系，才能

信息素蒸发系数 ρ

蚁群算法中的人工蚂蚁是具有记忆功能的，随着时间的推移，以前留下的信息素将会逐渐消逝，蚁群算法与其他各种仿生进化算法一样，也存在着收敛速度慢、容易陷入局部最优解等缺陷，而信息素蒸发系数 ρ 大小的选择将直接影响到整个蚁群算法的收敛速度和全局搜索性能。在蚁群算法的抽象模型中，ρ 表示信息素蒸发系数，$1-\rho$ 则表示信息素持久性系数。因此，ρ 的取值范围应该是 $0\sim 1$ 之间的一个数，表示信息素的蒸发程度，它实际上反映了蚂蚁群体中个体之间相互影响的强弱。ρ 过小时，则表示以前搜索过的路径被再次选择的可能性过大，会影响到算法的随机性能和全局搜索能力；ρ 过大时，说明路径上的信息素挥发得过多，虽然可以提高算法的随机搜索性能和全局搜索能力，但过多无用搜索操作势必降低算法的收敛速度。

蚂蚁数目 m

蚁群算法是一种随机搜索算法，与其他模拟进化算法一样，通过多个候选解组成的种群进化过程来寻求最优解，在该过程中不仅需要每个个体的自适应能力，更需要群体的相互协作能力。蚁群在搜索过程中之所以表现出复杂有序的行为，是因为个体之间的信息交流与相互协作起着至关重要的作用。

对于旅行商问题，单只蚂蚁在一次循环中所经过的路径，表现为问题可行解集中的一个解，m 只蚂蚁在一次循环中所经过的路径，则表现为问题解集中的一个子集。显然，子集增大（即蚂蚁数量增多），可以提高蚁群算法的全局搜索能力以及算法的稳定性；但蚂蚁数目增大后，会使大量的曾被搜索过的解（路径）上的信息素的变化趋于平均，信息正反馈的作用不明显，虽然搜索的随机性得到了加强，但收敛速度减慢；反之，子集较小（蚂蚁数量少），特别是当要处理的问题规模比较大时，会使那些从来未被搜索到的解（路径）上的信息素减小到接近于 0，搜索的随机性减弱，虽然收敛速度加快了，但会使算法的全局性能降低，算法的稳定性变差，容易出现过早停滞现象。m 一般取 $10\sim 50$。

信息素强度 Q 对算法性能的影响

在蚁群算法中，各个参数的作用实际上是紧密联系的，其中对算法性能起着主要作用的是信息启发式因子 α、期望启发式因子 β 和信息素挥发因子 ρ 这三个参数，总信息量 Q 对算法性能的影响有赖于上述三个参数的选取，以及算法模型的选取。例如，在 ant-cycle 模型和 ant-quantity 模型中，总信息量 Q 所起的作用显然是有很大差异的，即随着问题规模的不同，其影响程度也将不同。相关研究结果表明：总信息量 Q 对 ant-cycle 模型蚁群算法的性能没有明显的影响。因此，在算法参数的选择上，对参数 Q 不必进行特别的考虑，可以任意选取。

最大进化代数 G

最大进化代数 G 是表示蚁群算法运行结束条件的一个参数，表示蚁群算法运行到指定的进化代数之后就停止运行，并将当前群体中的最佳个体作为所求问题的最优解输出。一般 G 取 100~500。

5.6 MATLAB 仿真实例

例 5.1 旅行商问题（TSP）。假设有一个旅行的商人要拜访全国 31 个省会城市，他需要选择所要走的路径，路径的限制是每个城市只能拜访一次，而且最后要回到原来出发的城市。路径的选择要求是：所选路径的路程为所有路径之中的最小值。

全国 31 个省会城市的坐标为[1304 2312; 3639 1315; 4177 2244; 3712 1399; 3488 1535; 3326 1556; 3238 1229; 4196 1004; 4312 790; 4386 570; 3007 1970; 2562 1756; 2788 1491; 2381 1676; 1332 695; 3715 1678; 3918 2179; 4061 2370; 3780 2212; 3676 2578; 4029 2838; 4263 2931; 3429 1908; 3507 2367; 3394 2643; 3439 3201; 2935 3240; 3140 3550; 2545 2357; 2778 2826; 2370 2975]。

解：仿真过程如下：

（1）初始化蚂蚁数 m = 50，信息素重要程度参数 Alpha = 1，启发式因子重要程度参数 Beta = 5，信息素蒸发系数 Rho = 0.1，最大迭代次数 G = 200，信息素增加强度系数 Q = 100。

（2）将 m 只蚂蚁置于 n 个城市上，计算待选城市的概率分布，m 只蚂蚁按概率函数选择下一座城市，完成各自的周游。

（3）记录本次迭代最佳路线，更新信息素，禁忌表清零。

（4）判断是否满足终止条件：若满足，则结束搜索过程，输出优化值；若不满足，则继续进行迭代优化。

优化后的路径如图 5.4 所示，适应度进化曲线如图 5.5 所示。

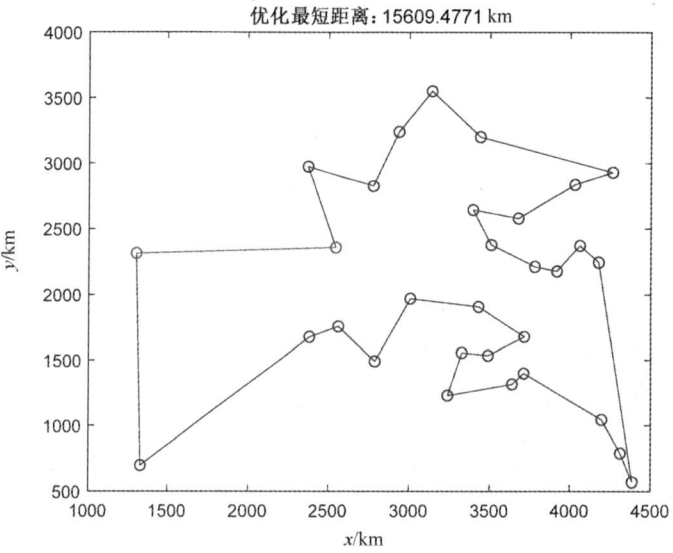

图 5.4　例 5.1 优化后的路径

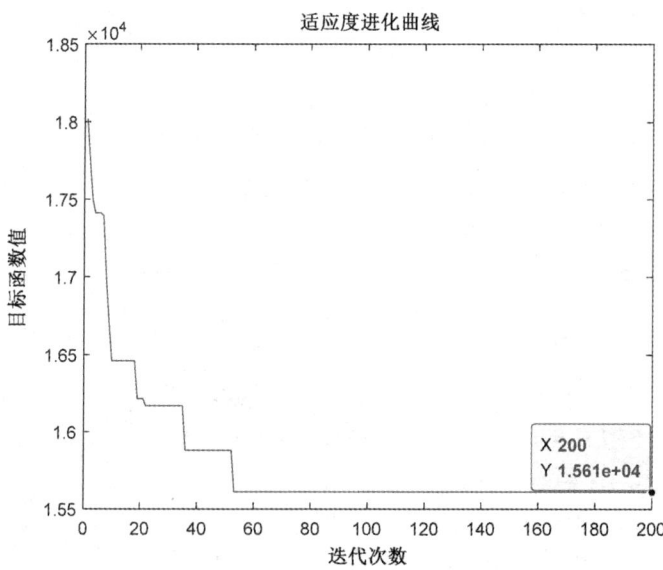

图 5.5　例 5.1 适应度进化曲线

MATLAB 源程序如下：

```
%%%%%%%%%%%%蚁群算法解决 TSP%%%%%%%%%%%%%%%%%%
%%%%%%%%%%%%%%%%%%%初始化%%%%%%%%%%%%%%%%%%%
clear all;                    %清除所有变量
```

```matlab
close all;                          %清图
clc;                                %清屏
m = 50;                             %蚂蚁数
Alpha = 1;                          %信息素重要程度参数
Beta = 5;                           %启发式因子重要程度参数
Rho = 0.1;                          %信息素蒸发系数
G = 200;                            %最大迭代次数
Q = 100;                            %信息素增加强度系数
C = [1304 2312;3639 1315;4177 2244;3712 1399;3488 1535;3326 1556;...
    3238 1229;4196 1044;4312 790;4386 570;3007 1970;2562 1756;...
    2788 1491;2381 1676;1332 695;3715 1678;3918 2179;4061 2370;...
    3780 2212;3676 2578;4029 2838;4263 2931;3429 1908;3507 2376;...
    3394 2643;3439 3201;2935 3240;3140 3550;2545 2357;2778 2826;...
    2370 2975];                     %31个省会城市坐标
%%%%%%%%%%%%%%%%%第一步：变量初始化%%%%%%%%%%%%%%%%
n = size(C,1);                      %n表示问题的规模(城市个数)
D = zeros(n,n);                     %D表示两个城市距离间隔矩阵
for i = 1:n
    for j = 1:n
        if i ~= j
            D(i,j) = ((C(i,1)-C(j,1))^2+(C(i,2)-C(j,2))^2)^0.5;
        else
            D(i,j) = eps;
        end
        D(j,i) = D(i,j);
    end
end
Eta = 1./D;                         %Eta为启发因子，这里设为距离的倒数
Tau = ones(n,n);                    %Tau为信息素矩阵
Tabu = zeros(m,n);                  %存储并记录路径的生成
NC = 1;                             %迭代计数器
R_best = zeros(G,n);                %各代最佳路线
L_best = inf.*ones(G,1);            %各代最佳路线的长度
figure(1);                          %优化解
while NC <= G
%%%%%%%%%%%第二步：将m只蚂蚁放到n个城市上%%%%%%%%%%%
```

```matlab
Randpos = [];
for i = 1:(ceil(m/n))
    Randpos = [Randpos,randperm(n)];
end
Tabu(:,1) = (Randpos(1,1:m))';
%%%%第三步：m只蚂蚁按概率函数选择下一座城市，完成各自的周游%%%%
for j = 2:n
    for i = 1:m
        visited = Tabu(i,1:(j-1));        %已访问的城市
        J = zeros(1,(n-j+1));             %待访问的城市
        P = J;                            %待访问城市的选择概率分布
        Jc = 1;
        for k = 1:n
            if length(find(visited==k))==0
                J(Jc) = k;
                Jc = Jc+1;
            end
        end
        %%%%%%%%%计算待选城市的概率分布%%%%%%%%%%
        for k = 1:length(J)
            P(k) = (Tau(visited(end),J(k))^Alpha)...
                *(Eta(visited(end),J(k))^Beta);
        end
        P = P/(sum(P));
        %%%%%%%%%%按概率原则选取下一个城市%%%%%%%%%
        Pcum = cumsum(P);
        Select = find(Pcum >= rand);
        to_visit = J(Select(1));
        Tabu(i,j) = to_visit;
    end
end
if NC >= 2
    Tabu(1,:) = R_best(NC-1,:);
end
%%%%%%%%%%%%%%第四步：记录本次迭代最佳路线%%%%%%%%%%%
L = zeros(m,1);
```

```matlab
        for i = 1:m
            R = Tabu(i,:);
            for j = 1:(n-1)
                L(i) = L(i)+D(R(j),R(j+1));
            end
            L(i) = L(i)+D(R(1),R(n));
        end
        L_best(NC) = min(L);
        pos = find(L==L_best(NC));
        R_best(NC,:) = Tabu(pos(1),:);
        %%%%%%%%%%%%%%%%第五步：更新信息素%%%%%%%%%%%%%%%
        Delta_Tau = zeros(n,n);
        for i = 1:m
            for j = 1:(n-1)
                Delta_Tau(Tabu(i,j),Tabu(i,j+1)) = ...
                    Delta_Tau(Tabu(i,j),Tabu(i,j+1))+Q/L(i);
            end
            Delta_Tau(Tabu(i,n),Tabu(i,1)) = ...
                Delta_Tau(Tabu(i,n),Tabu(i,1))+Q/L(i);
        end
        Tau = (1-Rho).*Tau+Delta_Tau;
        %%%%%%%%%%%%%%%%第六步：禁忌表清零%%%%%%%%%%%%%%%
        Tabu = zeros(m,n);
        %%%%%%%%%%%%%%%%历代最优路线%%%%%%%%%%%%%%%
        for i = 1:n-1
            plot([ C(R_best(NC,i),1), C(R_best(NC,i+1),1)],...
                [C(R_best(NC,i),2), C(R_best(NC,i+1),2)],'bo-');
            hold on;
        end
        plot([C(R_best(NC,n),1), C(R_best(NC,1),1)],...
            [C(R_best(NC,n),2), C(R_best(NC,1),2)],'ro-');
        title(['优化最短距离:',num2str(L_best(NC))]);
        hold off;
        pause(0.005);
        NC = NC+1;
end
```

```
%%%%%%%%%%%%%%%%%第七步：输出结果%%%%%%%%%%%%%%%%
Pos = find(L_best==min(L_best));
Shortest_Route = R_best(Pos(1),:);           %最佳路线
Shortest_Length = L_best(Pos(1));            %最佳路线长度
figure(2),
plot(L_best)
xlabel('迭代次数')
ylabel('目标函数值')
title('适应度进化曲线')
```

例 5.2 求函数 $f(x, y) = 20(x^2 - y^2)^2 - (1-y)^2 - 3(1+y)^2 + 0.3$ 的最小值，其中 x 的取值范围为[−5, 5]，y 的取值范围为[−5, 5]。这是一个有多个局部极值的函数，其函数值图形如图 5.6 所示，其 MATLAB 实现程序如下：

```
%%%%%%f(x, y)=20*(x^2-y^2)^2-(1-y)^2-3*(1+y)^2+0.3%%%%%%
clear all;                  %清除所有变量
close all;                  %清图
clc;                        %清屏
x=-5:0.01:5;
y=-5:0.01:5;
N=size(x,2);
for i=1:N
    for j=1:N
        z(i,j)=20*(x(i)^2-y(j)^2)^2-(1-y(j))^2-3*(1+y(j))^2+0.3;
    end
end
mesh(x,y,z)
xlabel('x')
ylabel('y')
```

解：仿真过程如下：

（1）初始化蚂蚁数 $m = 20$，最大迭代次数 $G = 200$，信息素蒸发系数 $R_{ho} = 0.9$，转移概率常数 $P_0 = 0.2$，局部搜索步长 step = 0.1。

（2）随机产生蚂蚁初始位置，计算适应度函数值，设为初始信息素，计算状态转移概率。

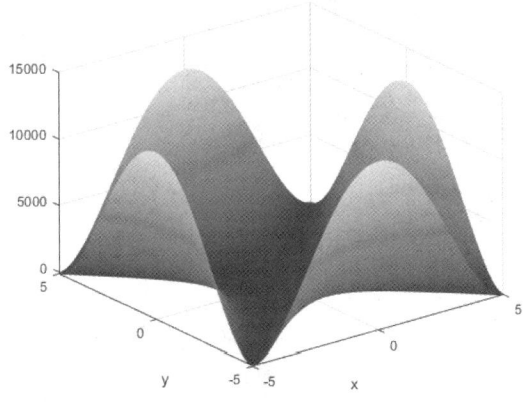

图 5.6 例 5.2 函数值图形

（3）进行位置更新：当状态转移概率小于转移概率常数时，进行局部搜索；当状态转移概率大于转移概率常数时，进行全局搜索，产生新的蚂蚁位置，并利用边界吸收方式进行边界条件处理，将蚂蚁位置界定在取值范围内。

（4）计算新的蚂蚁位置的适应度值，判断蚂蚁是否移动，更新信息素。

（5）判断是否满足终止条件：若满足，则结束搜索过程，输出优化值；若不满足，则继续进行迭代优化。

适应度值进化曲线如图 5.7 所示，优化后的结果为 $x = -5$，$y = 5$，函数 $f(x, y)$ 的最小值为 -123.7。

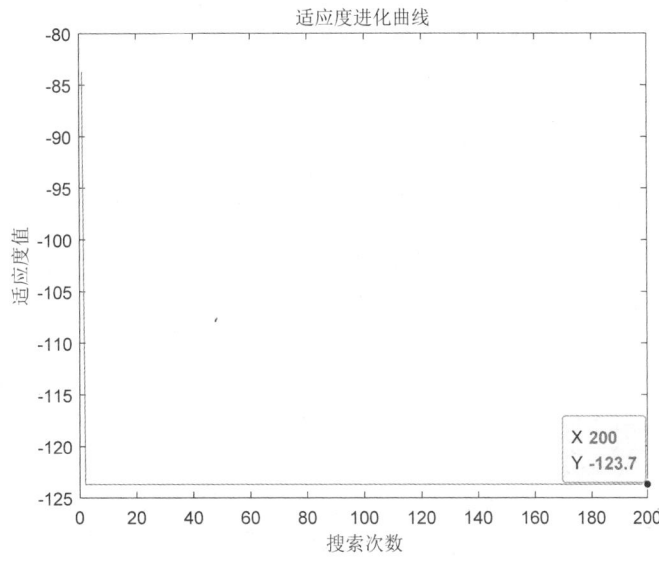

图 5.7 例 5.2 适应度值进化曲线

MATLAB 源程序如下：

```matlab
%%%%%%%%%%%%%%%蚁群算法求函数极值%%%%%%%%%%%%%%%%%%
%%%%%%%%%%%%%%%%%%%初始化%%%%%%%%%%%%%%%%%%%%%%%%
clear all;                      %清除所有变量
close all;                      %清图
clc;                            %清屏
m = 20;                         %蚂蚁数
G = 200;                        %最大迭代次数
Rho = 0.9;                      %信息素蒸发系数
P0 = 0.2;                       %转移概率常数
XMAX = 5;                       %搜索变量 x 最大值
XMIN = -5;                      %搜索变量 x 最小值
YMAX = 5;                       %搜索变量 y 最大值
YMIN = -5;                      %搜索变量 y 最小值
%%%%%%%%%%%%%%%%随机设置蚂蚁初始位置%%%%%%%%%%%%%%%%
for i = 1:m
    X(i,1) = (XMIN+(XMAX-XMIN)*rand);
    X(i,2) = (YMIN+(YMAX-YMIN)*rand);
    Tau(i) = func(X(i,1),X(i,2));
end
step = 0.1;                     %局部搜索步长
for NC = 1:G
    lamda = 1/NC;
    [Tau_best,BestIndex] = min(Tau);
    %%%%%%%%%%%%%%%计算状态转移概率%%%%%%%%%%%%%%%%%%
    for i = 1:m
        P(NC,i) = (Tau(BestIndex)-Tau(i))/Tau(BestIndex);
    end
    %%%%%%%%%%%%%%%%%%%位置更新%%%%%%%%%%%%%%%%%%%%
    for i = 1:m
        %%%%%%%%%%%%%%局部搜索%%%%%%%%%%%%%%%%%%
        if P(NC,i) < P0
            temp1 = X(i,1)+(2*rand-1)*step*lamda;
            temp2 = X(i,2)+(2*rand-1)*step*lamda;
        else
```

```
              %%%%%%%%%%%全局搜索%%%%%%%%%%%%%%%%%
              temp1 = X(i,1)+(XMAX-XMIN)*(rand-0.5);
              temp2 = X(i,2)+(YMAX-YMIN)*(rand-0.5);
          end
          %%%%%%%%%%%%%%%%%边界处理%%%%%%%%%%%%%%%%
          if temp1 < XMIN
              temp1 = XMIN;
          end
          if temp1 > XMAX
              temp1 = XMAX;
          end
          if temp2 < YMIN
              temp2 = YMIN;
          end
          if temp2 > YMAX
              temp2 = YMAX;
          end
          %%%%%%%%%%%%%%%判断蚂蚁是否移动%%%%%%%%%%%%
          if func(temp1,temp2) < func(X(i,1),X(i,2))
              X(i,1) = temp1;
              X(i,2) = temp2;
          end
      end
      %%%%%%%%%%%%%%%%%%更新信息素%%%%%%%%%%%%%%%%%
      for i = 1:m
          Tau(i) = (1-Rho)*Tau(i)+func(X(i,1),X(i,2));
      end
      [value,index] = min(Tau);
      trace(NC) = func(X(index,1),X(index,2));
end
[min_value,min_index] = min(Tau);
minX = X(min_index,1);                              %最优变量
minY = X(min_index,2);                              %最优变量
minValue = func(X(min_index,1),X(min_index,2));     %最优值
figure
plot(trace)
```

```
xlabel('搜索次数');
ylabel('适应度值');
title('适应度进化曲线')
%%%%%%%%%%%%%%%%%%适应度函数%%%%%%%%%%%%%%%%%%
function value = func(x,y)
value = 20*(x^2-y^2)^2-(1-y)^2-3*(1+y)^2+0.3;
```

参考文献

[1] DORIGO M, MANIEZZO V, COLORNI A. Ant system: optimization by a colony of cooperating agents[J]. IEEE Transaction on Systems, Man and Cybernetics - Part B, 1996, 26(l): 29-41.

[2] BONABEAU E, DORIGO M, THERAULAZ G. Inspiration for optimization from social insect behave[J]. Nature, 2000, 406(6): 39-42.

[3] COLORNI A, DORIGO M. Heuristics from nature for hard combinatorial optimization problems[J]. International Trans Operational Research, 1996, 3(1): 1-21.

[4] VOIGT H M, EBELING W, RECHENBERG I, et al. Proceedings of the PPSN 44th International Conference on Parallel Problem Solving from Nature[C]. Berlin: Springer-Verlag, 1996: 656-665.

[5] ZHANG W D, BAI Y P. The incorporation of an efficient initialization method and parameter adaptation using self-organizing maps to solve the TSP[J], Applied Mathematics and Computation, 2006, 172(1): 603-623.

[6] RANDALL M, LEWIS A. A parallel implementation of ant colony optimization[J]. Journal of Parallel and Distributed Computing, 2002, 62(9): 1421-1432.

[7] 段海滨, 马冠军, 王道波, 等. 一种求解连续空间优化问题的改进蚁群算法[J]. 系统仿真学报, 2007, 19(5): 974-977.

[8] 温政. 精通MATLAB智能算法[M]. 北京：清华大学出版社, 2015: 284-311.

[9] DORIGO M, GAMBARDELLA L M. Ant colony system: a cooperative learning approach to the traveling salesman problem[J]. IEEE Transactions on Evolutional Computation, 1997, 1(1): 53-66.

[10] STUTZLE T, HOOS H. Improvements on the ant system: introducing MAX-MIN ant system[C]. In Proceedings of the International Conference on Artificial Neural Networks and Genetic Algorithms, Springer Verbag, Wien, 1997:

245-249.

[11] BULLNHEIMER B, HARTL R F, STRAUSS C. A new rank-based version of the ant system: a computational study[J]. Central European Journal for Operations Research and Economics, 1999, 7(1): 25-38.

[12] GAMBARDELLA L M, DORIGO M. Solving symmetric asymmetric TSPs by ant colonies[C]. Proceedings of the IEEE Conference on Evolutionary Computation, 1996: 622-627.

第 6 章
粒子群算法

6.1 引言

自然界中的鸟群和鱼群的群体行为一直是科学家的研究兴趣所在。生物学家 Craig Reynolds 在 1987 年提出了一个非常有影响的鸟群聚集模型,在他的仿真中,每一个个体都遵循:避免与邻域内的个体相冲撞;匹配邻域内个体的速度;飞向鸟群中心,且整个群体飞向目标。仿真中仅利用上面三条简单的规则,就可以非常接近地模拟出鸟群飞行的现象。1990 年,生物学家 Frank Heppner 也提出了鸟类模型,它的不同之处在于:鸟类被吸引飞到栖息地。在仿真中,一开始每一只鸟都没有特定的飞行目标,只是使用简单的规则确定自己的飞行方向和飞行速度,当有一只鸟飞到栖息地时,它周围的鸟也会跟着飞向栖息地,最终整个鸟群都会落在栖息地。

1995 年,美国社会心理学家 J. Kennedy 和电气工程师 R. Eberhart 共同提出了粒子群算法(Particle Swarm Optimization,PSO),该算法的提出是受对鸟类群体行为进行建模与仿真的研究结果的启发。他们的模型和仿真算法主要对 Frank Heppner 的模型进行了修正,以使粒子飞向解空间并在最优解处降落。由于其算法简单、容易实现,粒子群算法一经提出,就立刻引起了进化计算领域学者们的广泛关注,形成一个研究热点。2001 年出版的 J. Kennedy 与 R. Eberhart 合著的 *Swarm Intelligence* 将群智能的影响进一步扩大[1],随后关于粒子群算法的研究报告和研究成果大量涌现,继而掀起了国内外研究热潮[2-7]。

粒子群算法来源于对鸟类群体活动规律性的研究，进而利用群智能建立一个简化的模型。它模拟鸟类的觅食行为，将求解问题的搜索空间比作鸟类的飞行空间，将每只鸟抽象成一个没有质量和体积的粒子，用它来表征问题的一个可行解，将寻找问题最优解的过程看成鸟类寻找食物的过程，进而求解复杂的优化问题。粒子群算法在基于"种群"和"进化"的概念实现对复杂空间最优解的搜索时，不像其他进化算法那样对个体进行交叉、变异、选择等进化算子操作，而是将群体中的个体看作在 D 维搜索空间中没有质量和体积的粒子，每个粒子以一定的速度在解空间运动，并向自身历史最佳位置 p_{best} 和群体历史最佳位置 g_{best} 聚集，实现对候选解的进化。粒子群算法具有很好的生物社会背景而易于理解，由于参数少而容易实现，对非线性、多峰问题均具有较强的全局搜索能力，在科学研究与工程实践中得到了广泛关注。目前，该算法已广泛应用于函数优化、神经网络训练、模式分类、模糊控制等领域。

6.2 粒子群算法理论

6.2.1 粒子群算法描述

鸟类在捕食过程中，鸟群成员可以通过个体之间的信息交流与共享获得其他成员的发现与飞行经历。在食物源零星分布并且不可预测的条件下，这种协作机制所带来的优势是决定性的，远远大于对食物的竞争所引起的劣势。粒子群算法受鸟类捕食行为的启发并对这种行为进行模仿，将优化问题的搜索空间类比于鸟类的飞行空间，将每只鸟抽象为一个粒子，粒子无质量、无体积，用以表征问题的一个可行解，优化问题所要搜索到的最优解则等同于鸟类寻找的食物源。粒子群算法为每个粒子制定了与鸟类运动类似的简单行为规则，使整个鸟群（粒子群）的运动表现出与鸟类捕食相似的特性，从而可以求解复杂的优化问题。

粒子群算法的信息共享机制可以解释为一种共生合作的行为，即每个粒子都在不停地进行搜索，并且其搜索行为在不同程度上受到群体中其他个体的影响[8]；同时，这些粒子还具备对所经历最佳位置的记忆能力，即其搜索行为在受其他个体影响的同时还受到自身经验的引导。基于独特的搜索机制，粒子群算法首先生成初始种群，即在可行解空间和速度空间随机初始化粒子的速度与位置，其中粒子的位置用于表征问题的可行解，然后通过种群间粒子个体的合作与竞争来求解优化问题。

6.2.2 粒子群算法建模

粒子群算法源自对鸟群捕食行为的研究：一群鸟在区域中随机搜索食物，所有鸟都知道自己当前位置离食物多远，那么搜索的最简单有效的策略就是搜寻目前离食物最近的鸟的周围区域。粒子群算法利用这种模型得到启示并应用于解决优化问题。在粒子群算法中，每个优化问题的潜在解都是搜索空间中的一只鸟，称之为粒子。所有的粒子都有一个由被优化的函数决定的适应度值，每个粒子还有一个速度决定它们飞翔的方向和距离。然后，粒子们就追随当前的最优粒子在解空间中搜索[9]。

粒子群算法首先在给定的解空间中随机初始化粒子群，待优化问题的变量数决定了解空间的维数。每个粒子有了初始位置与初始速度，然后通过迭代寻优。在每一次迭代中，每个粒子通过跟踪两个"极值"来更新自己在解空间中的空间位置与飞行速度：一个极值就是单个粒子本身在迭代过程中找到的最优解粒子，这个粒子叫作个体极值；另一个极值是粒子群中所有粒子在迭代过程中所找到的最优解粒子，这个粒子是全局极值。上述的方法叫作全局粒子群算法。如果不用粒子群中所有粒子而只用其中一部分作为该粒子的邻居粒子，那么在所有邻居粒子中的极值就是局部极值，该方法称为局部粒子群算法。

6.2.3 粒子群算法的特点

粒子群算法本质上是一种随机搜索算法，它是一种新兴的智能优化技术。该算法能够以较大概率收敛于全局最优解。实践证明，它适合在动态、多目标优化环境中寻优，与传统优化算法相比，具有较快的计算速度和更好的全局搜索能力。

（1）粒子群算法是基于群智能理论的优化算法，通过粒子群中粒子间的合作与竞争产生的群智能指导优化搜索。与其他算法相比，粒子群算法是一种高效的并行搜索算法。

（2）粒子群算法与遗传算法都对种群随机初始化，使用适应度值来评价个体的优劣程度和进行一定的随机搜索。但粒子群算法根据自己的速度来决定搜索，没有遗传算法的交叉与变异。与进化算法相比，粒子群算法保留了基于种群的全局搜索策略，但是它采用的速度-位移模型操作简单，避免了复杂的遗传操作。

（3）由于每个粒子在算法结束时仍保持其个体极值，即粒子群算法除了可以找到问题的最优解外，还会得到若干较好的次优解，因此将粒子群算法用于调度和决策问题可以给出多种有意义的方案。

（4）粒子群算法特有的记忆使其可以动态地跟踪当前搜索情况并调整其搜索

策略。另外,粒子群算法对粒子群的规模(大小)不敏感,即使粒子群规模减小,性能也不会下降很多。

6.3 粒子群算法种类

6.3.1 基本粒子群算法

假设在一个 D 维的目标搜索空间中,有 N 个粒子组成一个粒子群,其中第 i 个粒子表示为一个 D 维的向量:

$$X_i = (x_{i1}, x_{i2}, \cdots, x_{iD}), \quad i = 1, 2, \cdots, N \tag{6.1}$$

第 i 个粒子的"飞行"速度也是一个 D 维的向量,记为

$$V_i = (v_{i1}, v_{i2}, \cdots, v_{iD}), \quad i = 1, 2, \cdots, N \tag{6.2}$$

第 i 个粒子迄今为止搜索到的最优位置称为个体极值,记为

$$p_{\text{best}} = (p_{i1}, p_{i2}, \cdots, p_{iD}), \quad i = 1, 2, \cdots, N \tag{6.3}$$

整个粒子群迄今为止搜索到的最优位置为全局极值,记为

$$g_{\text{best}} = (g_1, g_2, \cdots, g_D) \tag{6.4}$$

在找到这两个最优值时,粒子根据如下的式(6.5)和式(6.6)来更新自己的速度和位置:

$$v_{ij}(t+1) = v_{ij}(t) + c_1 r_1(t)[p_{ij}(t) - x_{ij}(t)] + c_2 r_2(t)[p_{gj}(t) - x_{ij}(t)] \tag{6.5}$$

$$x_{ij}(t+1) = x_{ij}(t) + v_{ij}(t+1) \tag{6.6}$$

其中:c_1 和 c_2 为学习因子,也称加速常数;r_1 和 r_2 为[0, 1]范围内的均匀随机数;$j = 1, 2, \cdots, D$;v_{ij} 是粒子的速度,$v_{ij} \in [-v_{\max}, v_{\max}]$,$v_{\max}$ 是常数,由用户设定来限制粒子的速度。r_1 和 r_2 是介于 0 和 1 之间的随机数,增加了粒子飞行的随机性。式(6.5)右边由三部分组成:第一部分为"惯性"或"动量"部分,反映了粒子的运动"习惯",表示粒子有维持自己先前速度的趋势;第二部分为"认知"部分,反映了粒子对自身历史经验的记忆或回忆,表示粒子有向自身历史最佳位置逼近的趋势;第三部分为"社会"部分,反映了粒子间协同合作与知识共享的群体历史经验,表示粒子有向群体或邻域历史最佳位置逼近的趋势。

6.3.2 标准粒子群算法

引入研究粒子群算法经常用到的两个概念:一是"探索",指粒子在一定程度上离开原先的搜索轨迹,向新的方向进行搜索,体现了一种向未知区域开拓的能力,类似于全局搜索;二是"开发",指粒子在一定程度上继续在原先的搜索轨迹

上进行更细一步的搜索,主要指对探索过程中所搜索到的区域进行更进一步的搜索。探索是偏离原来的寻优轨迹去寻找一个更好的解,探索能力是一个算法的全局搜索能力。开发是利用一个好的解,继续原来的寻优轨迹去搜索更好的解,它是算法的局部搜索能力。如何确定局部搜索能力和全局搜索能力的比例,对一个问题的求解过程很重要。1998 年,Shi Yuhui 等人提出了带有惯性权重的改进粒子群算法[10],由于该算法能够保证较好的收敛效果,因此被默认为标准粒子群算法。其进化过程为

$$v_{ij}(t+1) = w \cdot v_{ij}(t) + c_1 r_1(t)[p_{ij}(t) - x_{ij}(t)] + c_2 r_2(t)[p_{gi}(t) - x_{ij}(t)] \quad (6.7)$$

$$x_{ij}(t+1) = x_{ij}(t) + v_{ij}(t+1) \quad (6.8)$$

在式(6.7)中,第一部分表示粒子先前的速度,用于保证算法的全局收敛性能;第二部分、第三部分则使算法具有局部收敛能力。可以看出,式(6.7)中惯性权重 w 表示在多大程度上保留原来的速度:w 较大,则全局收敛能力较强,局部收敛能力较弱;w 较小,则局部收敛能力较强,全局收敛能力较弱。

当 $w = 1$ 时,式(6.7)与式(6.5)完全一样,表明带惯性权重的粒子群算法是基本粒子群算法的扩展。实验结果表明:w 在 0.8~1.2 之间时,粒子群算法有更快的收敛速度;而当 $w > 1.2$ 时,算法则容易陷入局部极值。

另外,在搜索过程中可以对 w 进行动态调整:在算法开始时,可给 w 赋予较大正值,随着搜索的进行,可以线性地使 w 逐渐减小,这样可以保证在算法开始时,各粒子能够以较大的速度步长在全局范围内探测到较好的区域;而在搜索后期,较小的 w 值则保证粒子能够在极值点周围进行精细的搜索,从而使算法有较大的概率向全局最优解位置收敛。对 w 进行调整,可以权衡全局搜索和局部搜索能力。目前,采用较多的动态惯性权重值是 Shi 提出的线性递减权值策略,其表达式如下:

$$w = w_{\max} - \frac{(w_{\max} - w_{\min}) \cdot t}{T_{\max}} \quad (6.9)$$

式中:$T_{\max}$ 表示最大进化代数,$w_{\min}$ 表示最小惯性权重,$w_{\max}$ 表示最大惯性权重,t 表示当前迭代次数。在大多数的应用中,$w_{\max} = 0.9$,$w_{\min} = 0.4$。

6.3.3 压缩因子粒子群算法

Clerc 等人提出利用约束因子来控制系统行为的最终收敛[11],该方法可以有效搜索不同的区域,并且能得到高质量的解。压缩因子法的速度更新公式为

$$v_{id}(t) = \lambda \cdot v_{id}(t) + c_1 r_1(t)[p_{id}(t) - x_{id}(t)] + c_2 r_2(t)[p_{gd}(t) - x_{id}(t)] \quad (6.10)$$

式中,λ 为压缩因子。压缩因子 λ 的表达式为

$$\lambda = \frac{2}{\left|2-\varphi-\sqrt{(\varphi^2-4\varphi)}\right|} \quad (6.11)$$

式中,

$$\varphi = c_1 + c_2 \quad (6.12)$$

实验结果表明:与使用惯性权重的粒子群算法相比,使用具有约束因子的粒子群算法具有更快的收敛速度。

6.3.4 离散粒子群算法

基本粒子群算法是在连续域中搜索函数极值的有力工具。继基本粒子群算法之后,Kennedy 和 Eberhart 又提出了一种离散二进制版的粒子群算法[12]。在此离散粒子群算法中,将离散问题空间映射到连续粒子运动空间,并适当修改粒子群算法来求解,在计算上仍保留经典粒子群算法速度-位置更新运算规则。粒子在状态空间的取值和变化只限于 0 和 1 两个值,而速度的每一维 v_{ij} 代表位置每一位 x_{ij} 取值为 1 的可能性。因此,在连续粒子群中的 v_{ij} 更新公式依然保持不变,但是 p_{best} 和 g_{best} 只在[0,1]内取值。其位置更新等式表示如下:

$$s(v_{i,j}) = 1/[1+\exp(-v_{i,j})] \quad (6.13)$$

$$x_{i,j} = \begin{cases} 1, & r < s(v_{i,j}) \\ 0, & \text{其他} \end{cases} \quad (6.14)$$

式中,r 是从均匀分布 rand(0,1)中产生的随机数。

6.4 粒子群算法流程

粒子群算法基于"种群"和"进化"的概念,通过个体间的协作与竞争,实现对复杂空间最优解的搜索[13],其流程如下:

(1)初始化粒子群,包括粒子群规模 N,每个粒子的位置 x_i 和速度 v_i。

(2)计算每个粒子的适应度值 fit[i]。

(3)对每个粒子,用它的适应度值 fit[i]和个体最优值 $p_{best}(i)$ 比较;如果 fit[i] < $p_{best}(i)$,则用 fit[i]替换掉 $p_{best}(i)$。

(4)对每个粒子,用它的适应度值 fit[i]和全局最优值 g_{best} 比较;如果 fit[i] < g_{best},则用 fit[i]替换 g_{best}。

(5)迭代更新粒子的速度 v_i 和位置 x_i。

(6)进行边界条件处理。

(7)判断算法终止条件是否满足:若是,则结束计算并输出优化结果;否则返回步骤（2）。

粒子群算法的运算流程如图 6.1 所示。

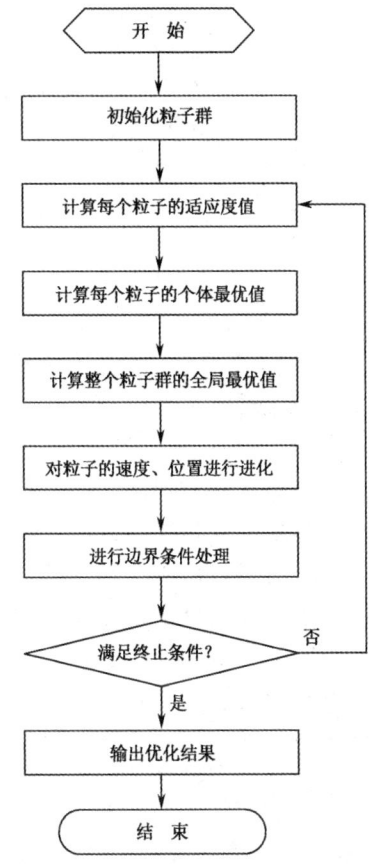

图 6.1 粒子群算法的运算流程

6.5 关键参数说明

在粒子群算法中，控制参数的选择能够影响算法的性能和效率；如何选择合适的控制参数使算法性能最佳，是一个复杂的优化问题。在实际的优化问题中，通常根据使用者的经验来选取控制参数。粒子群算法的控制参数主要包括：粒子群规模 N，惯性权重 w，加速系数 c_1 和 c_2，最大速度 v_{max}，停止准则，邻域结构的设定，边界条件处理策略等[14]。

粒子群规模 N

粒子群规模（大小）的选择视具体问题而定，但是一般设置粒子数为20～50。对于大部分的问题，10个粒子已经可以取得很好的结果；不过对于比较难的问题或者特定类型的问题，粒子的数量可以取到100或200。另外，粒子数目越大，算法搜索的空间范围就越大，也就更容易发现全局最优解；当然，算法运行的时间也越长。

惯性权重 w

惯性权重 w 是标准粒子群算法中非常重要的控制参数，可以用来控制算法的开发和探索能力。惯性权重的大小表示了对粒子当前速度继承的多少。当惯性权重值较大时，全局寻优能力较强，局部寻优能力较弱；当惯性权重值较小时，全局寻优能力较弱，局部寻优能力较强。惯性权重的选择通常有固定权重和时变权重。固定权重就是选择常数作为惯性权重值，在进化过程中其值保持不变，一般取值范围为[0.8, 1.2]；时变权重则是设定某一变化区间，在进化过程中按照某种方式逐步减小惯性权重。时变权重的选择包括变化范围和递减率。固定的惯性权重可以使粒子保持相同的探索和开发能力，而时变权重可以使粒子在进化的不同阶段拥有不同的探索和开发能力。

加速常数 c_1 和 c_2

加速常数 c_1 和 c_2 分别调节向 p_{best} 和 g_{best} 方向飞行的最大步长，它们分别决定粒子个体经验和群体经验对粒子运行轨迹的影响，反映粒子群粒子之间的信息交流。如果 $c_1 = c_2 = 0$，则粒子将以当前的飞行速度飞到边界。此时，粒子仅能搜索有限的区域，所以难以找到最优解。如果 $c_1 = 0$，则为"社会"模型，粒子缺乏认知能力，而只有群体经验，它的收敛速度较快，但容易陷入局部最优；如果 $c_2 = 0$，则为"认知"模型，没有社会的共享信息，个体之间没有信息的交互，所以找到最优解的概率较小，一个规模为 N 的粒子群等价于运行了 N 个各行其是的粒子。因此一般设置 $c_1 = c_2$，通常可以取 $c_1 = c_2 = 1.5$。这样，个体经验和群体经验就有了同样重要的影响力，使得最后的最优解更精确。

粒子的最大速度 v_{max}

粒子的速度在空间中的每一维上都有一个最大速度限制值 v_{max}，用来对粒子的速度进行限制，使速度控制在范围$[-v_{max}, +v_{max}]$内，这决定问题空间搜索的力度，该值一般由用户自己设定。v_{max}是一个非常重要的参数，如果该值太大，则粒子们也许会飞过优秀解区域；而如果该值太小，则粒子们可能无法对局部最优区域以外的区域进行充分的探测。它们可能会陷入局部最优，而无法移动足够远的距离而跳出局部最优，达到空间中更佳的位置。研究者指出，设定v_{max}和调整惯性权重的作用是等效的，所以v_{max}一般用于对粒子群的初始化进行设定，即将v_{max}设定为每维变量的变化范围，而不再对最大速度进行细致的选择和调节。

停止准则

最大迭代次数、计算精度或最优解的最大停滞步数Δt（或可以接受的满意解）通常认为是停止准则，即算法的终止条件。根据具体的优化问题，停止准则的设定需同时兼顾算法的求解时间、优化质量和搜索效率等多方面因素。

邻域结构的设定

全局版本的粒子群算法将整个粒子群作为粒子的邻域，具有收敛速度快的优点，但有时算法会陷入局部最优。局部版本的粒子群算法将位置相近的个体作为粒子的邻域，收敛速度较慢，不易陷入局部最优值。实际应用中，可先采用全局粒子群算法寻找最优解的方向，即得到大致的结果，然后采用局部粒子群算法在最优点附近进行精细搜索。

边界条件处理

当某一维或若干维的位置或速度超过设定值时，采用边界条件处理策略可将粒子的位置限制在可行搜索空间内，这样能避免粒子群的膨胀与发散，也能避免粒子大范围地盲目搜索，从而提高了搜索效率。具体的方法有很多种，比如通过设置最大位置限制x_{max}和最大速度限制v_{max}，当超过最大位置或最大速度时，在取值范围内随机产生一个数值代替，或者将其设置为最大值，即边界吸收。

6.6 MATLAB 仿真实例

例 6.1 计算函数 $f(x) = \sum_{i=1}^{n} x_i^2 \ (-10 \leqslant x_i \leqslant 10)$ 的最小值,其中个体 x 的维数 $n = 10$。

这是一个简单的平方和函数,只有一个极小点 $x = (0, 0, \ldots, 0)$,理论最小值 $f(0, 0, \ldots, 0) = 0$。

解:仿真过程如下:

(1) 初始化粒子群规模 $N = 100$,粒子维数为 $D = 10$,最大迭代次数为 $T = 200$,学习因子 $c_1 = c_2 = 1.5$,惯性权重为 $w = 0.8$,位置最大值为 $x_{\max} = 20$,位置最小值为 $x_{\min} = 20$,速度最大值为 $v_{\max} = 10$,速度最小值为 $v_{\min} = -10$。

(2) 初始化粒子位置 x 和速度 v,粒子个体最优位置 p 和最优值 p_{best},以及粒子群全局最优位置 g 和最优值 g_{best}。

(3) 更新位置 x 和速度值 v,并进行边界条件处理,判断是否替换粒子个体最优位置 p 和最优值 p_{best}、粒子群全局最优位置 g 和最优值 g_{best}。

(4) 判断是否满足终止条件:若满足,则结束搜索过程,输出优化值;若不满足,则继续进行迭代优化。

优化结束后,其适应度进化曲线如图 6.2 所示,优化后的结果为 $x =$ [0.270 −0.917 0.203 0.567 0.140 −1.104 0.314 −0.175 0.069 −0.706]×10^{-4},函数 $f(x)$ 的最小值为 $3.148×10^{-8}$。

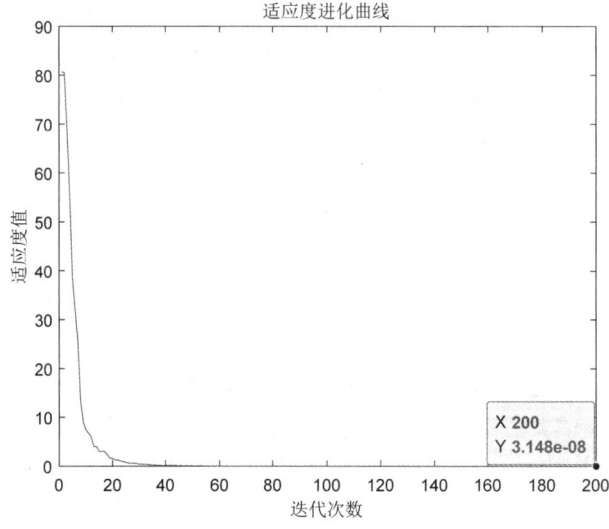

图 6.2 例 6.1 适应度进化曲线

MATLAB 源程序如下：

```matlab
%%%%%%%%%%%%粒子群算法求函数极值%%%%%%%%%%%%%%%%
%%%%%%%%%%%%%%%%%初始化%%%%%%%%%%%%%%%%%%%%%%%%
clear all;                  %清除所有变量
close all;                  %清图
clc;                        %清屏
N = 100;                    %粒子群规模
D = 10;                     %粒子维数
T = 200;                    %最大迭代次数
c1 = 1.5;                   %学习因子1
c2 = 1.5;                   %学习因子2
w = 0.8;                    %惯性权重
Xmax = 10;                  %位置最大值
Xmin = -10;                 %位置最小值
Vmax = 10;                  %速度最大值
Vmin = -10;                 %速度最小值
%%%%%%%%%%%初始化粒子个体(限定位置和速度)%%%%%%%%%%%%
x = rand(N,D) * (Xmax-Xmin)+Xmin;
v = rand(N,D) * (Vmax-Vmin)+Vmin;
%%%%%%%%%%%初始化个体最优位置和最优值%%%%%%%%%%%%
p = x;
pbest = ones(N,1);
for i = 1:N
    pbest(i) = func1(x(i,:));
end
%%%%%%%%%%%%%初始化全局最优位置和最优值%%%%%%%%%%%%
g = ones(1,D);
gbest = inf;
for i = 1:N
    if(pbest(i) < gbest)
        g = p(i,:);
        gbest = pbest(i);
    end
end
gb = ones(1,T);
```

```matlab
%%%%%%%%%按照公式依次迭代直到满足精度或者迭代次数%%%%%%%%%
for i = 1:T
    for j = 1:N
        %%%%%%%%%%更新个体最优位置和最优值%%%%%%%%%%
        if (func1(x(j,:)) < pbest(j))
            p(j,:) = x(j,:);
            pbest(j) = func1(x(j,:));
        end
        %%%%%%%%%%更新全局最优位置和最优值%%%%%%%%%%
        if(pbest(j) < gbest)
            g = p(j,:);
            gbest = pbest(j);
        end
        %%%%%%%%%%%更新位置和速度值%%%%%%%%%%%%
        v(j,:) = w*v(j,:)+c1*rand*(p(j,:)-x(j,:))...
            +c2*rand*(g-x(j,:));
        x(j,:) = x(j,:)+v(j,:);
        %%%%%%%%%%%边界条件处理%%%%%%%%%%%%%
        for ii = 1:D
            if (v(j,ii) > Vmax) | (v(j,ii) < Vmin)
                v(j,ii) = rand * (Vmax-Vmin)+Vmin;
            end
            if (x(j,ii) > Xmax) | (x(j,ii) < Xmin)
                x(j,ii) = rand * (Xmax-Xmin)+Xmin;
            end
        end
    end
    %%%%%%%%%%%%记录历代全局最优值%%%%%%%%%%%%
    gb(i) = gbest;
end
g;                              %最优个体
gb(end);                        %最优值
figure
plot(gb)
xlabel('迭代次数');
ylabel('适应度值');
title('适应度进化曲线')
```

```
%%%%%%%%%%%%%%%%%%%%适应度函数%%%%%%%%%%%%%%%%
function result = func1(x)
summ = sum(x.^2);
result = summ;
```

例 6.2 求函数 $f(x, y) = 3\cos(xy) + x + y^2$ 的最小值，其中 x 的取值范围为 $[-5，5]$，y 的取值范围为 $[-5，5]$。这是一个有多个局部极值的函数，其函数值图形如图 6.3 所示，其 MATLAB 实现程序如下：

```
%%%%%%%%%%f(x, y)=3*cos(x*y)+x+y*y%%%%%%%%%%
clear all;                %清除所有变量
close all;                %清图
clc;                      %清屏
x=-5:0.01:5;
y=-5:0.01:5;
N=size(x,2);
for i=1:N
    for j=1:N
        z(i,j)=3*cos(x(i)*y(j))+x(i)+y(j)*y(j);
    end
end
mesh(x,y,z)
xlabel('x')
ylabel('y')
```

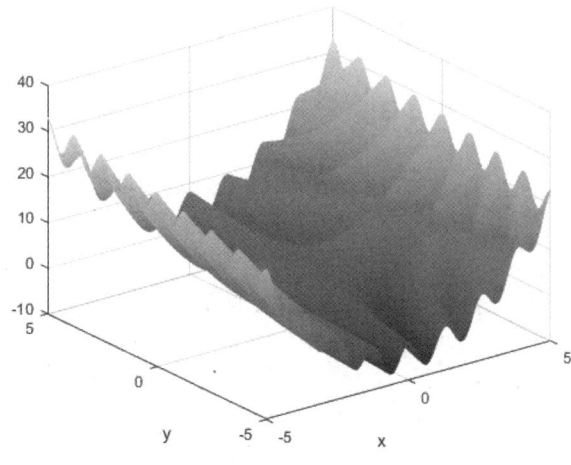

图 6.3 例 6.2 函数值图形

解：仿真过程如下：

（1）初始化粒子群规模为 $N = 100$，粒子维数为 $D = 2$，最大迭代次数为 $T = 200$，学习因子 $c_1 = c_2 = 1.5$，惯性权重最大值为 $w_{max} = 0.8$，惯性权重最小值为 $w_{min} = 0.4$，位置最大值为 $x_{max} = 5$，位置最小值为 $x_{min} = -5$，速度最大值为 $v_{max} = 1$，速度最大值为 $v_{min} = -1$。

（2）初始化粒子群中粒子的位置 x 和速度 v，粒子个体最优位置 p 和最优值 p_{best}，粒子群全局最优位置 g 和最优值 g_{best}。

（3）计算动态惯性权重值 w，更新位置 x 和速度值 v，并进行边界条件处理，判断是否替换粒子个体最优位置 p 和最优值 p_{best}，以及粒子群全局最优位置 g 和最优值 g_{best}。

（4）判断是否满足终止条件：若满足，则结束搜索过程，输出优化值；若不满足，则继续进行迭代优化。

优化结束后，其适应度进化曲线如图 6.4 所示。优化后的结果为：在 $x = -4.9999$，$y = -0.6062$ 时，函数 $f(x)$ 取得最小值 -7.614。

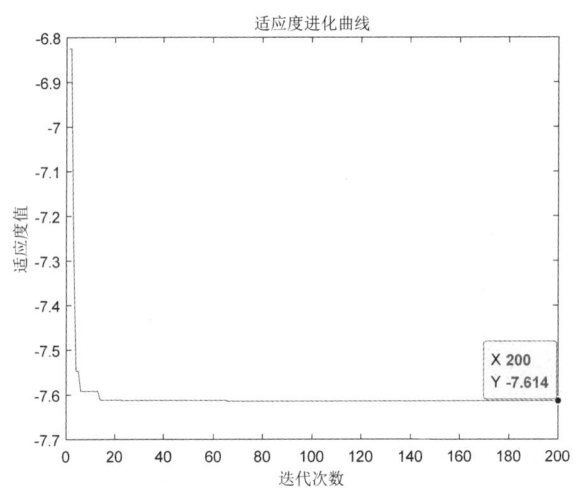

图 6.4　例 6.2 适应度进化曲线

MATLAB 源程序如下：

```
%%%%%%%%%%%%%粒子群算法求函数极值%%%%%%%%%%%%%%
%%%%%%%%%%%%%%%%%%%初始化%%%%%%%%%%%%%%%%%%%
clear all;                  %清除所有变量
close all;                  %清图
clc;                        %清屏
N = 100;                    %粒子群规模
```

```matlab
D = 2;                    %粒子维数
T = 200;                  %最大迭代次数
c1 = 1.5;                 %学习因子1
c2 = 1.5;                 %学习因子2
Wmax = 0.8;               %惯性权重最大值
Wmin = 0.4;               %惯性权重最小值
Xmax = 5;                 %位置最大值
Xmin = -5;                %位置最小值
Vmax = 1;                 %速度最大值
Vmin = -1;                %速度最小值
%%%%%%%%%%%%%初始化粒子群个体(限定位置和速度)%%%%%%%%%%%%
x = rand(N,D) * (Xmax-Xmin)+Xmin;
v = rand(N,D) * (Vmax-Vmin)+Vmin;
%%%%%%%%%%%%%初始化个体最优位置和最优值%%%%%%%%%%%%
p = x;
pbest = ones(N,1);
for i = 1:N
    pbest(i) = func2(x(i,:));
end
%%%%%%%%%%%%%初始化全局最优位置和最优值%%%%%%%%%%%%
g = ones(1,D);
gbest = inf;
for i = 1:N
    if(pbest(i) < gbest)
        g = p(i,:);
        gbest = pbest(i);
    end
end
gb = ones(1,T);
%%%%%%%%%按照公式依次迭代直到满足精度或者迭代次数%%%%%%%%%
for i = 1:T
    for j = 1:N
        %%%%%%%%%更新个体最优位置和最优值%%%%%%%%%%%%
        if (func2(x(j,:)) < pbest(j))
            p(j,:) = x(j,:);
            pbest(j) = func2(x(j,:));
```

```
        end
        %%%%%%%%%%%更新全局最优位置和最优值%%%%%%%%%%%%%
        if(pbest(j) < gbest)
            g = p(j,:);
            gbest = pbest(j);
        end
        %%%%%%%%%%%计算动态惯性权重值%%%%%%%%%%%%%%%%
        w = Wmax-(Wmax-Wmin)*i/T;
        %%%%%%%%%%%更新位置和速度值%%%%%%%%%%%%%%%%%
        v(j,:) = w*v(j,:)+c1*rand*(p(j,:)-x(j,:))...
            +c2*rand*(g-x(j,:));
        x(j,:) = x(j,:)+v(j,:);
        %%%%%%%%%%%边界条件处理%%%%%%%%%%%%%%%%%%%%
        for ii = 1:D
            if (v(j,ii) > Vmax) | (v(j,ii) < Vmin)
                v(j,ii) = rand * (Vmax-Vmin)+Vmin;
            end
            if (x(j,ii) > Xmax) | (x(j,ii) < Xmin)
                x(j,ii) = rand * (Xmax-Xmin)+Xmin;
            end
        end
    end
    %%%%%%%%%%%%%%%记录历代全局最优值%%%%%%%%%%%%%%%%
    gb(i) = gbest;
end
g;                              %最优个体
gb(end);                        %最优值
figure
plot(gb)
xlabel('迭代次数');
ylabel('适应度值');
title('适应度进化曲线')
%%%%%%%%%%%%%%%%%%%适应度函数%%%%%%%%%%%%%%%%%%%%%%
function value = func2(x)
value = 3*cos(x(1)*x(2))+x(1)+x(2)^2;
```

例 6.3 用离散粒子群算法求函数 $f(x) = x + 6\sin(4x) + 9\cos(5x)$ 的最小值,其中 x 的取值范围为[0,10]。这是一个有多个局部极值的函数,其函数值图形如图 6.5 所示,其 MATLAB 实现程序如下:

```
%%%%%%%%%%f(x)=x+6sin(4x)+9cos(5x)%%%%%%%%%%
clear all;                  %清除所有变量
close all;                  %清图
clc;                        %清屏
x=0:0.01:10;
y=x+6*sin(4*x)+9*cos(5*x);
plot(x,y)
xlabel('x')
ylabel('f(x)')
title('f(x)=x+6sin(4x)+9cos(5x)')
```

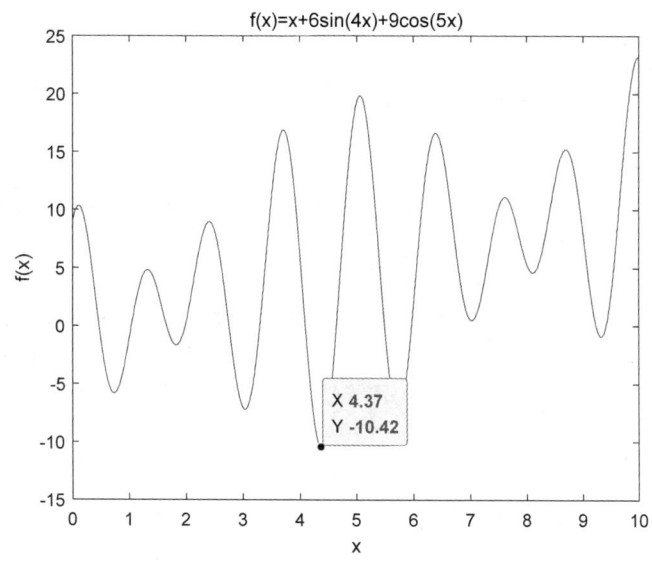

图 6.5 例 6.3 函数值图形

解:仿真过程如下:

(1) 初始化粒子群规模为 $N = 100$,粒子维数(即二进制编码长度) $D = 20$,最大迭代次数为 $T = 200$,学习因子 $c_1 = c_2 = 1.5$,惯性权重最大值为 $w_{max} = 0.8$,惯性权重最小值为 $w_{min} = 0.4$,位置最大值为 $x_{max} = 10$,位置最小值为 $x_{min} = 0$,速度最大值为 $v_{max} = 10$,速度最小值为 $v_{min} = -10$。

(2) 初始化速度 v 和二进制编码的粒子位置 x,计算适应度值,获得粒子个

体最优位置 p 和最优值 p_{best}，以及粒子群全局最优位置 g 和最优值 g_{best}。

（3）计算动态惯性权重值 w，更新速度值 v，进行边界条件处理，并按照式（6.13）和式（6.14）更新二进制编码的位置 x，计算适应度值，判断是否替换粒子个体最优位置 p 和最优值 p_{best} 以及粒子群全局最优位置 g 和最优值 g_{best}。

（4）判断是否满足终止条件：若满足，则结束搜索过程，输出优化值；若不满足，则继续进行迭代优化。

其适应度进化曲线如图 6.6 所示。优化后的结果为：当 $x = 4.37$ 时，函数 $f(x)$ 取得最小值 -10.42。

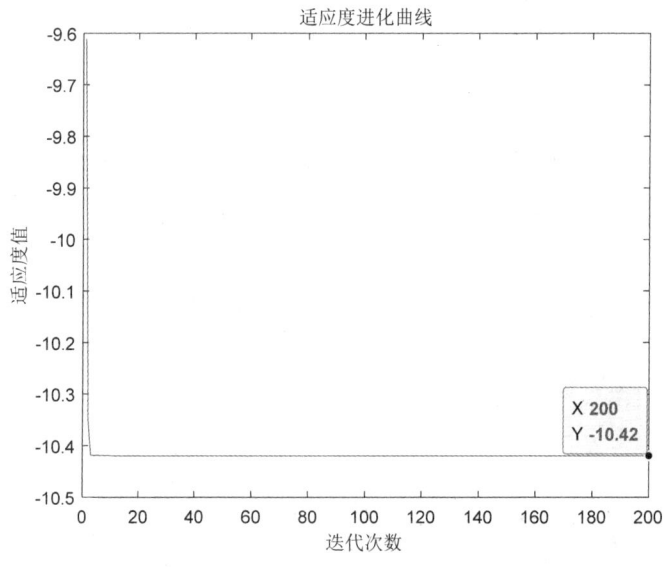

图 6.6 例 6.3 适应度进化曲线

MATLAB 源程序如下：

```
%%%%%%%%%%离散粒子群算法求函数极值%%%%%%%%%%%%%%
%%%%%%%%%%%%%%%%初始化%%%%%%%%%%%%%%%%%%%%%
clear all;              %清除所有变量
close all;              %清图
clc;                    %清屏
N = 100;                %粒子群规模
D = 20;                 %粒子维数
T = 200;                %最大迭代次数
c1 = 1.5;               %学习因子 1
```

```
c2 = 1.5;                    %学习因子2
Wmax = 0.8;                  %惯性权重最大值
Wmin = 0.4;                  %惯性权重最小值
Xs = 10;                     %位置最大值
Xx = 0;                      %位置最小值
Vmax = 10;                   %速度最大值
Vmin = -10;                  %速度最小值
%%%%%%%%%%%%初始化粒子群个体(限定位置和速度)%%%%%%%%%%%%
x = randi([0,1],N,D);
v = rand(N,D) * (Vmax-Vmin)+Vmin;
%%%%%%%%%%%%%初始化个体最优位置和最优值%%%%%%%%%%%%%
p = x;
pbest = ones(N,1);
for i = 1:N
    pbest(i) = func3(x(i,:),Xs,Xx);
end
%%%%%%%%%%%%%初始化全局最优位置和最优值%%%%%%%%%%%%%
g = ones(1,D);
gbest = inf;
for i = 1:N
    if(pbest(i) < gbest)
        g = p(i,:);
        gbest = pbest(i);
    end
end
gb = ones(1,T);
%%%%%%%%%按照公式依次迭代直到满足精度或者迭代次数%%%%%%%%%%
for i = 1:T
    for j = 1:N
        %%%%%%%%%%%%更新个体最优位置和最优值%%%%%%%%%%%%
        if (func3(x(j,:),Xs,Xx) < pbest(j))
            p(j,:) = x(j,:);
            pbest(j) = func3(x(j,:),Xs,Xx);
        end
        %%%%%%%%%%%%%更新全局最优位置和最优值%%%%%%%%%%%%
```

```matlab
        if(pbest(j) < gbest)
            g = p(j,:);
            gbest = pbest(j);
        end
        %%%%%%%%%%%%%%计算动态惯性权重值%%%%%%%%%%%%%
        w = Wmax-(Wmax-Wmin)*i/T;
        %%%%%%%%%%%%%%更新位置和速度值%%%%%%%%%%%%%
        v(j,:) = w*v(j,:)+c1*rand*(p(j,:)-x(j,:))...
            +c2*rand*(g-x(j,:));
        %%%%%%%%%%%%%%边界条件处理%%%%%%%%%%%%%
        for ii = 1:D
            if (v(j,ii) > Vmax) | (v(j,ii) < Vmin)
                v(j,ii) = rand * (Vmax-Vmin)+Vmin;
            end
        end
        vx(j,:) = 1./(1+exp(-v(j,:)));
        for jj = 1:D
            if vx(j,jj) > rand
                x(j,jj) = 1;
            else
                x(j,jj) = 0;
            end
        end
    end
    %%%%%%%%%%%%%%记录历代全局最优值%%%%%%%%%%%%%
    gb(i) = gbest;
end
g;                                  %最优个体
m = 0;
for j = 1:D
    m = g(j)*2^(j-1)+m;
end
f1 = Xx+m*(Xs-Xx)/(2^D-1);          %最优值
figure
plot(gb)
```

```
xlabel('迭代次数');
ylabel('适应度值');
title('适应度进化曲线')
%%%%%%%%%%%%%%%%%%适应度函数%%%%%%%%%%%%%%%%%%
function result = func3(x,Xs,Xx)
m = 0;
D = length(x);
for j = 1:D
    m = x(j)*2^(j-1)+m;
end
f = Xx+m*(Xs-Xx)/(2^D-1);              %译码成十进制数
fit =  f+6*sin(4*f)+9*cos(5*f);
result = fit;
```

例 6.4 0-1 背包问题。有 N 件物品和一个容量为 V 的背包。第 i 件物品的体积是 $c(i)$，价值是 $w(i)$。求解将哪些物品放入背包可使物品的体积总和不超过背包的容量，且价值总和最大。假设物品数量为 10，背包的容量为 300。每件物品的体积为[95，75，23，73，50，22，6，57，89，98]，每件物品的价值为[89，59，19，43，100，72，44，16，7，64]。

解：仿真过程如下：

（1）初始化粒子群规模为 $N=100$，粒子维数（即二进制编码长度）$D=10$，最大迭代次数为 $T=200$，学习因子 $c_1=c_2=1.5$，惯性权重最大值为 $w_{max}=0.8$，惯性权重最小值为 $w_{min}=0.4$，速度最大值为 $v_{max}=10$，速度最小值为 $v_{min}=-10$。

（2）初始化速度 v 和二进制编码的粒子位置 x，其中 1 表示选择该物品，0 表示不选择该物品。取适应度值为选择物品的价值总和，计算个体适应度值，当物品体积总和大于背包容量时，对适应度值进行惩罚计算。获得粒子个体最优位置 p 和最优值 p_{best}，以及粒子群全局最优位置 g 和最优值 g_{best}。

（3）计算动态惯性权重值 w，更新速度值 v，进行边界条件处理，并按照式（6.13）和式（6.14）更新二进制编码的位置 x，计算适应度值，判断是否替换粒子个体最优位置 p 和最优值 p_{best} 以及粒子群全局最优位置 g 和最优值 g_{best}。

（4）判断是否满足终止条件：若满足，则结束搜索过程，输出优化值；若不满足，则继续进行迭代优化。

优化结果为[1 0 1 0 1 1 1 0 0 1]，1 表示选择相应物品，0 表示不选择相应物品，价值总和为 388。其适应度进化曲线如图 6.7 所示。

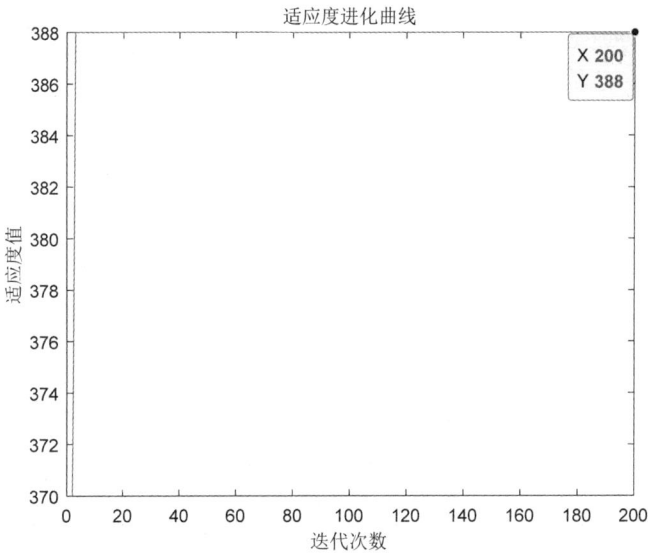

图 6.7 例 6.4 适应度进化曲线

MATLAB 源程序如下：

```
%%%%%%%%%%%%%%%%%离散粒子群算法解决0-1背包问题%%%%%%%%%%%%%%%%%%%
%%%%%%%%%%%%%%%%%%%%%%%%%%%%初始化%%%%%%%%%%%%%%%%%%%%%%%%%%%%
clear all;                      %清除所有变量
close all;                      %清图
clc;                            %清屏
N = 100;                        %粒子群规模
D = 10;                         %粒子维数
T = 200;                        %最大迭代次数
c1 = 1.5;                       %学习因子1
c2 = 1.5;                       %学习因子2
Wmax = 0.8;                     %惯性权重最大值
Wmin = 0.4;                     %惯性权重最小值
Vmax = 10;                      %速度最大值
Vmin = -10;                     %速度最小值
V = 300;                        %背包容量
C = [95,75,23,73,50,22,6,57,89,98];   %物品体积
W = [89,59,19,43,100,72,44,16,7,64];  %物品价值
afa = 2;                        %惩罚函数系数
```

```matlab
%%%%%%%%%%%%%%%%%%%初始化粒子群个体（限定位置和速度）%%%%%%%%%%%%%%%%%%%
x = randi([0,1],N,D);
v = rand(N,D) * (Vmax-Vmin)+Vmin;
%%%%%%%%%%%%%%%%%%%初始化个体最优位置和最优值%%%%%%%%%%%%%%%%%%%
p = x;
pbest = ones(N,1);
for i = 1:N
    pbest(i) = func4(x(i,:),C,W,V,afa);
end
%%%%%%%%%%%%%%%%%%%初始化全局最优位置和最优值%%%%%%%%%%%%%%%%%%%
g = ones(1,D);
gbest = eps;
for i = 1:N
    if(pbest(i)>gbest)
        g = p(i,:);
        gbest = pbest(i);
    end
end
gb = ones(1,T);
%%%%%%%%%%%%按照公式依次迭代直到满足精度或者迭代次数%%%%%%%%%%%%%%
for i = 1:T
    for j = 1:N
        %%%%%%%%%%%%%%%%%更新个体最优位置和最优值%%%%%%%%%%%%%%%%%
        if (func4(x(j,:),C,W,V,afa)>pbest(j))
            p(j,:) = x(j,:);
            pbest(j) = func4(x(j,:),C,W,V,afa);
        end
        %%%%%%%%%%%%%%%%%更新全局最优位置和最优值%%%%%%%%%%%%%%%%%
        if(pbest(j)>gbest)
            g = p(j,:);
            gbest = pbest(j);
        end
        %%%%%%%%%%%%%%%%%计算动态惯性权重值%%%%%%%%%%%%%%%%%
        w = Wmax-(Wmax-Wmin)*i/T;
        %%%%%%%%%%%%%%%%%更新位置和速度值%%%%%%%%%%%%%%%%%
```

```
        v(j,:) = w*v(j,:)+c1*rand*(p(j,:)-x(j,:))...
            +c2*rand*(g-x(j,:));
        %%%%%%%%%%%%%%%%%%%%边界条件处理%%%%%%%%%%%%%%%%%%%%
        for ii = 1:D
            if (v(j,ii)>Vmax) |  (v(j,ii)< Vmin)
                v(j,ii) = rand * (Vmax-Vmin)+Vmin;
            end
        end
        vx(j,:) = 1./(1+exp(-v(j,:)));
        for jj = 1:D
            if vx(j,jj)>rand
                x(j,jj) = 1;
            else
                x(j,jj) = 0;
            end
        end
    end
    %%%%%%%%%%%%%%%%%%%%记录历代全局最优值%%%%%%%%%%%%%%%%%%%%
    gb(i) = gbest;
end
g;                          %最优个体
figure
plot(gb)
xlabel('迭代次数');
ylabel('适应度值');
title('适应度进化曲线')
%%%%%%%%%%%%%%%%%%%%适应度函数%%%%%%%%%%%%%%%%%%%%
function result = func4(f,C,W,V,afa)
fit = sum(f.*W);
TotalSize = sum(f.*C);
if TotalSize <= V
    fit = fit;
else
    fit = fit - afa * (TotalSize - V);
end
```

```
result = fit;
```

参考文献

[1] KENNEDY J, EBERHART R C. Swarm intelligence[M]. USA: Academic Press, 2001.

[2] SHI X H, LIANG Y C, LEE H P, et al. An improved GA and a novel PSO-GA-based hybrid algorithm[J]. Information Processing Letters, 2005, 93(5): 255-261.

[3] SHI X H, LIANG Y C, Lee H P, et al. Particle swarm optimization-based algorithms for TSP and generalized TSP[J]. Information Processing Letters, 2007, 103(5): 169-176.

[4] JIAO B, LIAN Z G, GU X S. A dynamic inertia weight particle swarm optimization algorithm[J]. Chaos, Solitons & Fractals, 2008, 37(3): 698-705.

[5] PAN Q K, TASGETIREN M F, LIANG Y C. A discrete particle swarm optimization algorithm for the no-wait flowshop scheduling problem[J]. Computers & Operations Research, 2008(35): 2807-2839.

[6] CHATTERJEE A, SIARRY P. Nonlinear inertia weight variation for dynamic adaptation in particle swarm optimization[J]. Computers and Operations Research, 2006, 33(3): 859-871.

[7] BRITS R, ENGELBRECHT A P, VAN F. Locating multiple optima using particle swarm optimization[J]. Applied Mathematics and Computation, 2007, 189(2): 1859-1883.

[8] SHI Y H, EBERHART R C. Empirical study of particle swarm optimization[C]. Proc. Congress on Evolutionary Computation, Piscataway, NJ: IEEE Service Center, 1999(3): 1945-1950.

[9] KENNEDY J, EBERHART R. Particle swarm optimization[C]. Proceedings of the 4th IEEE International Conference on Neural Networks, Piscataway: IEEE Service Center, 1995: 1942-1948.

[10] SHI Y H, EBERHART R. A modified Particle swarm optimizer[C]. Proc IEEE Int Conf on Evolutionary Computation, 1998: 69-73.

[11] CLERC M, KENNEDY J. The particle swarm-explosion, stability, and convergence in a multidimensional complex space[J]. IEEE Transactions on Evolutionary Computation, 2002, 6(1): 58-73.

[12] KENNEDY J, EBERHART R. A discrete binary version of the particle swarm algorithm[C]. IEEE International Conference on Systems, Man and Cybernetics, 1997(5): 4104-4108.

[13] 蔡自兴. 王勇. 智能系统原理、算法与应用[M]. 北京：机械工业出版社，2014: 197-204.

[14] 王维博. 粒子群优化算法研究及其应用[D]. 成都：西南交通大学，2012: 26-40.

第 7 章
模拟退火算法

7.1 引言

模拟退火（Simulated Annealing，SA）算法的思想最早由 Metropolis 等人于 1953 年提出；Kirkpatrick 等人于 1983 年第一次使用模拟退火算法求解组合最优化问题[1]。模拟退火算法是一种基于 Monte Carlo 迭代求解策略的随机寻优算法，其出发点是基于物理中固体物质的退火过程与一般组合优化问题之间的相似性。其目的在于，为具有 NP（Non-deterministic Polynomial）复杂性的问题提供有效的近似求解算法，它克服了其他优化过程容易陷入局部极值的缺陷和对初值的依赖性。

模拟退火算法是一种通用的优化算法，是局部搜索算法的扩展。它不同于局部搜索算法之处是以一定的概率选择邻域中目标值大的劣质解。从理论上说，它是一种全局最优算法。模拟退火算法以优化问题的求解与物理系统退火过程的相似性为基础，它利用 Metropolis 算法（参见 7.2.3 节）并适当地控制温度的下降过程来实现模拟退火，从而达到求解全局优化问题的目的[2]。

模拟退火算法是一种能应用到求最小值问题的优化过程。在此过程中，每一步更新过程的长度都与相应的参数成正比，这些参数扮演着温度的角色。与金属退火原理相类似，在开始阶段为了更快地最小化，温度被升得很高，然后才慢慢降温以求稳定。

目前，模拟退火算法迎来了兴盛时期，无论是理论研究还是应用研究都成了十分热门的课题[3-7]。尤其是它的应用研究显得格外活跃，已在工程中得到了广泛应用，诸如生产调度、控制工程、机器学习、神经网络、模式识别、图像处理、离散/连续变量的结构优化问题等领域。它能有效地求解常规优化方法难以解决的组合优化问题和复杂函数优化问题，适用范围极广。

模拟退火算法具有十分强大的全局搜索性能，这是因为比起普通的优化搜方法，它采用了许多独特的方法和技术：在模拟退火算法中，基本不用搜索空间的知识或者其他的辅助信息，而只是定义邻域结构，在其邻域结构内选取相邻解，再利用目标函数进行评估；模拟退火算法不是采用确定性规则，而是采用概率的变迁来指导它的搜索方向，它所采用的概率仅仅是作为一种工具来引导其搜索过程朝着更优解的区域移动。因此，虽然看起来它是一种盲目的搜索方法，但实际上有着明确的搜索方向。

7.2 模拟退火算法理论

模拟退火算法对优化问题的求解借鉴了物理退火过程，优化的目标函数相当于金属的内能，优化问题的自变量组合状态空间相当于金属的内能状态空间，问题的求解过程就是找一个组合状态，使目标函数值最小。通过控制温度缓慢下降来实现模拟退火，从而实现对全局优化问题的求解[8]。

7.2.1 物理退火过程

模拟退火算法的核心思想与热力学的原理极为类似。在高温下，液体的大量分子彼此之间进行着相对自由移动。如果该液体慢慢地冷却，热能原子可动性就会消失。大量原子常常能够自行排列成行，形成一个纯净的晶体，该晶体在各个方向上都被完全有序地排列在几百万倍于单个原子的距离之内。对于这个系统来说，晶体状态是能量最低状态，而所有缓慢冷却的系统都可以自然达到这个最低能量状态。实际上，如果液态金属被迅速冷却，则它不会达到这一状态，而只能达到一种有较高能量的多晶体状态或非结晶状态。因此，这一过程的本质在于，缓慢地冷却，以争取足够的时间，让大量原子在丧失可动性之前进行重新分布，这是确保能量达到低能量状态所必需的条件。简单而言，物理退火过程由以下几部分组成：加温过程、等温过程和冷却过程。

加温过程

加温的目的是增强粒子的热运动，使其偏离平衡位置。当温度足够高时，固体将熔解为液体，从而消除系统原先可能存在的非均匀态，使随后进行的冷却过程以某一平衡态为起点。熔解过程与系统的能量增大过程相联系，系统能量随温度的升高而增大。

等温过程

通过物理学的知识得知，对于与周围环境交换热量而温度不变的封闭系统，系统状态的自发变化总是朝着自由能减小的方向进行；当自由能达到最小时，系统达到平衡态。

冷却过程

冷却的目的是使粒子的热运动减弱并逐渐趋于有序，系统能量逐渐下降，从而得到低能量的晶体结构。

7.2.2 模拟退火原理

模拟退火算法来源于固体退火原理，将固体加温至充分高，再让其慢慢冷却。加温时，固体内部粒子随温升变为无序状，内能增大；而慢慢冷却时粒子渐趋有序，在每个温度上都达到平衡态，最后在常温时达到基态，内能减为最小。模拟退火算法与金属退火过程的相似关系如表 7.1 所示。根据 Metropolis 准则，粒子在温度 T 时趋于平衡的概率为 $\exp(-\Delta E/T)$，其中 E 为温度 T 时的内能，ΔE 为其改变量。用固体退火模拟组合优化问题，将内能 E 模拟为目标函数值，温度 T 演化成控制参数，即得到求解组合优化问题的模拟退火算法：由初始解 X_0 和控制参数初值 T 开始，对当前解重复"产生新解→计算目标函数差→接受或舍弃"的迭代，并逐步减小 T 值，算法终止时的当前解即为所得近似最优解，这是基于 Monte Carlo 迭代求解法的一种启发式随机搜索过程。退火过程由冷却进度表控制，包括控制参数的初值 T_0 及其衰减因子 K、每个 T 值时的迭代次数 L 和停止条件。

表 7.1 模拟退火算法与金属退火过程的相似关系

金属退火过程	模拟退火算法
粒子状态	解
能量最低态	最优解
熔解过程	设定初温
等温过程	Metropolis 抽样过程
冷却	控制参数的下降
能量	目标函数

7.2.3 模拟退火算法的思想

模拟退火算法的主要思想是：在搜索区间随机游走（即随机选择点），再利用 Metropolis 抽样准则，使随机游走逐渐收敛于局部最优解。而温度是 Metropolis 算法中的一个重要控制参数，可以认为这个参数的大小控制了随机过程向局部最优解或全局最优解移动的快慢。

Metropolis 算法是一种有效的重点抽样法：当系统从一个能量状态变化到另一个状态时，相应的能量从 E_1 变化到 E_2，其概率为

$$p = \exp\left(-\frac{E_2 - E_1}{T}\right) \tag{7.1}$$

如果 $E_2 < E_1$，系统接受此状态；否则，以一个随机的概率接受或丢弃此状态。状态 2 被接受的概率为

$$p(1 \to 2) = \begin{cases} 1, & E_2 < E_1 \\ \exp\left(-\dfrac{E_2 - E_1}{T}\right), & E_2 \geqslant E_1 \end{cases} \tag{7.2}$$

这样经过一定次数的迭代，系统会逐渐趋于一个稳定的分布状态。

重点抽样时，新状态下如果向下，则接受（局部最优）；若向上（全局搜索），则以一定概率接受。模拟退火算法从某个初始解出发，经过大量解的变换后，可以求得给定控制参数值时组合优化问题的相对最优解。然后减小控制参数 T 的值，重复执行 Metropolis 算法，就可以在控制参数 T 趋于零时，最终求得组合优化问题的整体最优解。控制参数 T 的值必须缓慢衰减。

温度是 Metropolis 算法的一个重要控制参数，模拟退火可视为递减控制参数 T 时 Metropolis 算法的迭代。开始时 T 值大，可以接受较差的恶化解；随着 T 的减小，只能接受较好的恶化解；最后在 T 趋于 0 时，就不再接受任何恶化解了。

在无限高温时，系统立即均匀分布，接受所有提出的变换。T 的衰减越小，T

到达终点的时间越长；但可使马尔可夫（Markov）链减小，使到达准平衡分布的时间变短。

7.2.4 模拟退火算法的特点

模拟退火算法适用范围广，求得全局最优解的可靠性高，算法简单，便于实现；该算法的搜索策略有利于避免其搜索过程陷入局部最优解的缺陷，有利于提高求得全局最优解的可靠性。模拟退火算法具有十分强的鲁棒性，这是因为比起普通的优化搜索方法，它采用许多独特的方法和技术，主要有以下几个方面：

（1）以一定的概率接受恶化解。

模拟退火算法在搜索策略上不仅引入了适当的随机因素，而且还引入了物理系统退火过程的自然机理。这种自然机理的引入，使模拟退火算法在迭代过程中不仅接受使目标函数值变"好"的点，而且还能够以一定的概率接受使目标函数值变"差"的点。迭代过程中出现的状态是随机产生的，并且不强求后一状态一定优于前一状态，接受概率随着温度的下降而逐渐减小。很多传统的优化算法往往是确定性的，从一个搜索点到另一个搜索点的转移有确定的转移方法和转移关系，这种确定性往往可能使得搜索点远达不到最优点，因而限制了算法的应用范围。而模拟退火算法以一种概率的方式来进行搜索，增加了搜索过程的灵活性。

（2）引进算法控制参数。

引进类似于退火温度的算法控制参数，它将优化过程分成若干阶段，并决定各个阶段下随机状态的取舍标准，接受函数由 Metropolis 算法给出一个简单的数学模型。模拟退火算法有两个重要的步骤：一是在每个控制参数下，由前迭代点出发，产生邻近的随机状态，由控制参数确定的接受准则决定此新状态的取舍，并由此形成一定长度的随机 Markov 链；二是缓慢降低控制参数，提高接受准则，直至控制参数趋于零，状态链稳定于优化问题的最优状态，从而提高模拟退火算法全局最优解的可靠性。

（3）对目标函数要求少。

传统搜索算法不仅需要利用目标函数值，而且往往还需要目标函数的导数值等其他一些辅助信息才能确定搜索方向；当这些信息不存在时，算法就失效了。而模拟退火算法不需要其他的辅助信息，而只是定义邻域结构，在其邻域结构内选取相邻解，再用目标函数进行评估。

7.2.5 模拟退火算法的改进方向

在确保一定要求的优化质量基础上，提高模拟退火算法的搜索效率，是对模拟退火算法改进的主要内容[9-10]。有如下可行的方案：选择合适的初始状态；设计合适的状态产生函数，使其根据搜索进程的需要表现出状态的全空间分散性或局部区域性；设计高效的退火过程；改进对温度的控制方式；采用并行搜索结构；设计合适的算法终止准则；等等。

此外，对模拟退火算法的改进也可通过增加某些环节来实现。主要的改进方式有：

（1）增加记忆功能。为避免搜索过程中由于执行概率接受环节而遗失当前遇到的最优解，可通过增加存储环节，将到目前为止的最好状态存储下来。

（2）增加升温或重升温过程。在算法进程的适当时机，将温度适当提高，从而可激活各状态的接受概率，以调整搜索进程中的当前状态，避免算法在局部极值处停滞不前。

（3）对每一当前状态，采用多次搜索策略，以概率接受区域内的最优状态，而不是标准模拟退火算法的单次比较方式。

（4）与其他搜索机制的算法（如遗传算法、免疫算法等）相结合。可以综合其他算法的优点，提高运行效率和求解质量。

7.3 模拟退火算法流程

模拟退火算法新解的产生和接受可分为如下三个步骤：

（1）由一个产生函数从当前解产生一个位于解空间的新解；为便于后续的计算和接受，减少算法耗时，通常选择由当前解经过简单变换即可产生新解的方法。注意，产生新解的变换方法决定了当前新解的邻域结构，因而对冷却进度表的选取有一定的影响。

（2）判断新解是否被接受，判断的依据是接受准则，最常用的接受准则是 Metropolis 抽样准则：若 $\Delta E < 0$，则接受 X' 作为新的当前解 X；否则，以概率 $\exp(-\Delta E / T)$ 接受 X' 作为新的当前解 X。

（3）当新解确定被接受时，用新解代替当前解，这只需将当前解中对应于产生新解时的变换部分予以实现，同时修正目标函数值即可。此时，当前解实现了一次迭代，可在此基础上开始下一轮试验。若新解被判定为舍弃，则在原当前解的基础上继续下一轮试验。

模拟退火算法求得的解与初始解状态（算法迭代的起点）无关，具有渐近收敛性，已在理论上被证明是一种以概率 1 收敛于全局最优解的优化算法。模拟退火算法可以分解为解空间、目标函数和初始解三部分。该算法具体流程如下[8]：

（1）初始化：设置初始温度 T_0（充分大）、初始解 X_0（算法迭代的起点）、每

个 T 值的迭代次数 L；

（2）对 $k = 1, \cdots, L$ 进行步骤（3）至步骤（6）的操作；

（3）产生新解 X'；

（4）计算增量 $\Delta E = E(X') - E(X)$，其中 $E(X)$ 为评价函数；

（5）若 $\Delta E < 0$，则接受 X' 为新的当前解，否则以概率 $\exp(-\Delta E/T)$ 接受 X' 为新的当前解；

（6）如果满足终止条件，则将当前解作为最优解输出，结束程序；

（7）T 逐渐减小，且 $T \to 0$，然后转至步骤（2）。

模拟退火算法流程如图 7.1 所示。

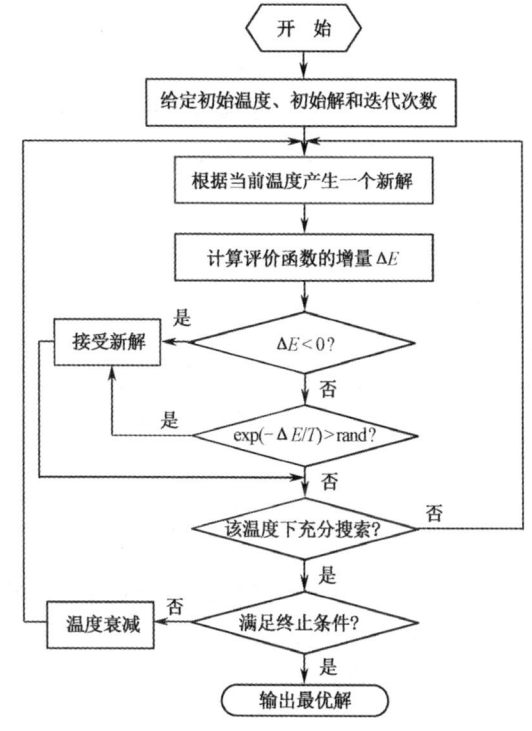

图 7.1　模拟退火算法流程

7.4　关键参数说明

模拟退火算法的性能质量高，比较通用，而且容易实现。不过，为了得到最优解，该算法通常要求较高的初温以及足够多次的抽样，这使算法的优化时间往往过长。从算法结构知，新的状态产生函数、初温、退温函数、Markov 链长度和算法停止准则，是直接影响算法优化结果的主要环节。

状态产生函数

设计状态产生函数应该考虑到尽可能地保证所产生的候选解遍布全部解空间。一般情况下状态产生函数由两部分组成，即产生候选解的方式和产生候选解的概率分布。候选解的产生方式由问题的性质决定，通常在当前状态的邻域结构内以一定概率产生。

初温

温度 T 在算法中具有决定性的作用，它直接控制着退火的走向。由随机移动的接受准则可知：初温越大，获得高质量解的概率就越大，且 Metropolis 算法的接受概率约为 1。然而，初温过高会使计算时间增加。为此，可以均匀抽样一组状态，以各状态目标值的方差为初温。

退温函数

退温函数即温度更新函数，用于在外循环中修改温度值。目前，最常用的温度更新函数为指数退温函数，即 $T(n+1) = K \times T(n)$，其中 $0 < K < 1$ 是一个非常接近于 1 的常数。

Markov 链长度 L 的选取

Markov 链长度是在等温条件下进行迭代优化的次数，其选取原则是在衰减参数 T 的衰减函数已选定的前提下，L 应选得在控制参数的每一取值上都能恢复准平衡，一般 L 取 100～1000。

算法停止准则

算法停止准则用于决定算法何时结束。可以简单地设置温度终值 T_f，当 $T = T_f$ 时算法终止。然而，模拟退火算法的收敛性理论中要求 T_f 趋向于零，这其实是不实际的。常用的停止准则包括：设置终止温度的阈值，设置迭代次数阈值，或者当搜索到的最优值连续保持不变时停止搜索。

7.5 MATLAB 仿真实例

例 7.1 计算函数 $f(x) = \sum_{i=1}^{n} x_i^2$（$-10 \leqslant x_i \leqslant 10$）的最小值，其中个体 x 的维数 n = 10。这是一个简单的平方和函数，只有一个极小点 $x = (0, 0, \cdots, 0)$，理论最小值 $f(0, 0, \cdots, 0) = 0$。

解：仿真过程如下：

（1）初始化马尔可夫（Markov）链长度为 $L = 200$，衰减参数为 $K = 0.998$，步长因子为 $S = 0.01$，初始温度为 $T = 100$，容差为 YZ $= 1 \times 10^{-8}$；随机产生初始解，并计算其目标函数值。

（2）在变量的取值范围内，按步长因子随机产生新解，并计算新目标函数值；以 Metropolis 算法确定是否替代旧解，在一种温度下，迭代 L 次。

（3）判断是否满足终止条件：若满足，则结束搜索过程，输出优化值；若不满足，则减小温度，进行迭代优化。

优化结束后，其适应度进化曲线如图 7.2 所示。优化后的结果为：x = [0.0203 -0.0247 0.0180 0.0105 0.0014 -0.0100 0.0216 0.0002 -0.0270 -0.0035]，函数 $f(x)$ 的最小值为 0.00277。

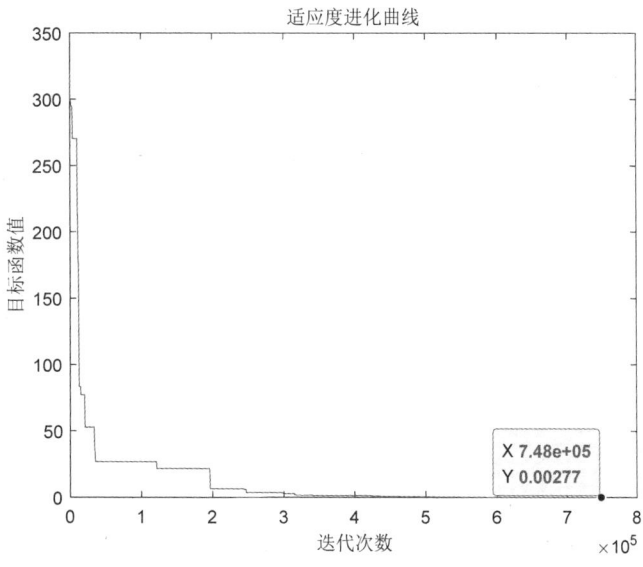

图 7.2　例 7.1 适应度进化曲线

MATLAB 源程序如下：

```matlab
%%%%%%%%%%%%%%%模拟退火算法解决函数极值%%%%%%%%%%%%%%
%%%%%%%%%%%%%%%%%%%%%初始化%%%%%%%%%%%%%%%%%%%%
clear all;                          %清除所有变量
close all;                          %清图
clc;                                %清屏
D = 10;                             %变量维数
Xs = 10;                            %上限
Xx = -10;                           %下限
%%%%%%%%%%%%%%%%%%%%冷却表参数%%%%%%%%%%%%%%%%%%%
L = 200;                            %Markov 链长度
K = 0.998;                          %衰减参数
S = 0.01;                           %步长因子
T = 100;                            %初始温度
YZ = 1e-8;                          %容差
P = 0;                              %Metropolis 过程中总接受点
%%%%%%%%%%%%%%%%%%随机选点初值设定%%%%%%%%%%%%%%%%%%
PreX = rand(D,1)*(Xs-Xx)+Xx;
PreBestX = PreX;
PreX = rand(D,1)*(Xs-Xx)+Xx;
BestX = PreX;
%%%%%%%%每迭代一次就退火一次(降温)，直到满足迭代条件为止%%%%%%%%
deta = abs( func1( BestX)-func1(PreBestX));
while (deta > YZ) && (T > 0.001)
    T = K*T;
    %%%%%%%%%%%%%%在当前温度T下迭代次数%%%%%%%%%%%%%%
    for i = 1:L
        %%%%%%%%%%%%在此点附近随机选下一点%%%%%%%%%%%%
        NextX = PreX + S* (rand(D,1) *(Xs-Xx)+Xx);
        %%%%%%%%%%%%%%%边界条件处理%%%%%%%%%%%%%%%
        for ii = 1:D
            if NextX(ii) > Xs | NextX(ii) < Xx
                NextX(ii) = PreX(ii) + S* (rand *(Xs-Xx)+Xx);
```

```
            end
        end
        %%%%%%%%%%%%%%是否全局最优解%%%%%%%%%%%%%%
        if (func1(BestX) > func1(NextX))
            %%%%%%%%%%%%%保留上一个最优解%%%%%%%%%%%%
            PreBestX = BestX;
            %%%%%%%%%%%%%此为新的最优解%%%%%%%%%%%%%
            BestX = NextX;
        end
        %%%%%%%%%%%%%%% Metropolis 过程%%%%%%%%%%%%%%%
        if( func1(PreX) - func1(NextX) > 0 )
            %%%%%%%%%%%%%%%%接受新解%%%%%%%%%%%%%%%%
            PreX = NextX;
            P = P+1;
        else
            changer = -1*(func1(NextX)-func1(PreX))/ T ;
            p1 = exp(changer);
            %%%%%%%%%%%%%%接受较差的解%%%%%%%%%%%%%%
            if p1 > rand
                PreX = NextX;
                P = P+1;
            end
        end
        trace(P+1) = func1( BestX);
    end
    deta = abs( func1( BestX)-func1(PreBestX));
end
disp('最小值在点:');
BestX
disp( '最小值为:');
func1(BestX)
figure
plot(trace(2:end))
xlabel('迭代次数')
```

```
ylabel('目标函数值')
title('适应度进化曲线')
%%%%%%%%%%%%%%%%适应度函数%%%%%%%%%%%%%%%%%
function result = func1(x)
summ = sum(x.^2);
result = summ;
```

例 7.2 求函数 $f(x, y) = 5\cos(xy) + xy + y^2$ 的最小值,其中 x 的取值范围为 [−5,5], y 的取值范围为[−5, 5]。这是一个有多个局部极值的函数,其函数值图形如图 7.3 所示。

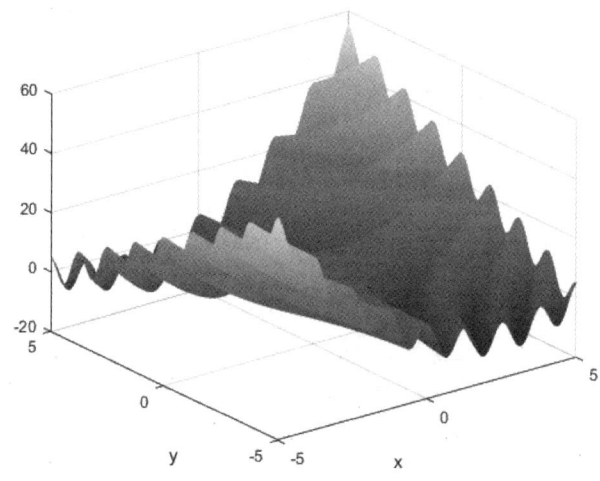

图 7.3 例 7.2 函数值图形

其 MATLAB 实现程序如下:

```
%%%%%%%%%f(x, y)=5*cos(x*y)+x*y+y^2%%%%%%%%%
clear all;               %清除所有变量
close all;               %清图
clc;                     %清屏
x=-5:0.01:5;
y=-5:0.01:5;
N=size(x,2);
for i=1:N
```

```
    for j=1:N
        z(i,j)=5*cos(x(i)*y(j))+x(i)*y(j)+y(j)^2;
    end
end
mesh(x,y,z)
xlabel('x')
ylabel('y')
```

解：仿真过程如下：

（1）初始化 Markov 链长度为 $L=100$，衰减参数为 $K=0.99$，步长因子为 $S=0.02$，初始温度为 $T=100$，容差为 $YZ=1\times 10^{-8}$；随机产生初始解，并计算其目标函数值。

（2）在变量的取值范围内，按步长因子随机产生新解，并计算新目标函数值；以 Metropolis 算法确定是否替代旧解，在一种温度下，迭代 L 次。

（3）判断是否满足终止条件：若满足，则结束搜索过程，输出优化值；若不满足，则衰减温度，进行迭代优化。

优化结束后，其适应度进化曲线如图 7.4 所示。优化后的结果为：在 $x=4.9999$，$y=-1.8942$ 时，函数 $f(x)$ 取得最小值，即 -10.88。

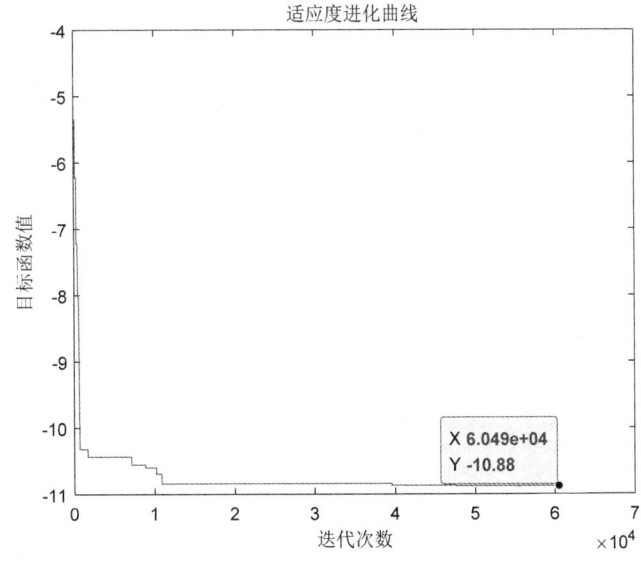

图 7.4　例 7.2 适应度进化曲线

MATLAB 源程序如下：

```matlab
%%%%%%%%%%%%%%模拟退火算法解决函数极值%%%%%%%%%%%%%%
%%%%%%%%%%%%%%%%%%%%初始化%%%%%%%%%%%%%%%%%%%%
clear all;                          %清除所有变量
close all;                          %清图
clc;                                %清屏
XMAX = 5;                           %搜索变量 x 最大值
XMIN = -5;                          %搜索变量 x 最小值
YMAX = 5;                           %搜索变量 y 最大值
YMIN = -5;                          %搜索变量 y 最小值
%%%%%%%%%%%%%%%%%%%%冷却表参数%%%%%%%%%%%%%%%%%%%%
L = 100;                            %Markov 链长度
K = 0.99;                           %衰减参数
S = 0.02;                           %步长因子
T = 100;                            %初始温度
YZ = 1e-8;                          %容差
P = 0;                              %Metropolis 过程中总接受点
%%%%%%%%%%%%%%%%%%随机选点 初值设定%%%%%%%%%%%%%%%%%%
PreX = rand * (XMAX-XMIN)+XMIN;
PreY = rand * (YMAX-YMIN)+YMIN;
PreBestX = PreX;
PreBestY = PreY;
PreX = rand * (XMAX-XMIN)+XMIN;
PreY = rand * (YMAX-YMIN)+YMIN;
BestX = PreX;
BestY = PreY;
%%%%%%%每迭代一次就退火一次(降温)，直到满足迭代条件为止%%%%%%%%
deta = abs( func2( BestX,BestY)-func2(PreBestX, PreBestY));
while (deta > YZ) && (T > 0.001)
    T = K*T;
    %%%%%%%%%%%%%%在当前温度 T 下迭代次数%%%%%%%%%%%%%%
    for i = 1:L
        %%%%%%%%%%%在此点附近随机选下一点%%%%%%%%%%%%%
        p = 0;
```

```
while p==0
    NextX = PreX + S* (rand * (XMAX-XMIN)+XMIN);
    NextY = PreY + S*( rand * (YMAX-YMIN)+YMIN);
    if (NextX >= XMIN && NextX <= XMAX && NextY >=...
            YMIN && NextY <= YMAX)
        p = 1;
    end
end
%%%%%%%%%%%%%是否全局最优解%%%%%%%%%%%%%%
if (func2(BestX,BestY) > func2(NextX,NextY))
    %%%%%%%%%%%%保留上一个最优解%%%%%%%%%%%%%%
    PreBestX = BestX;
    PreBestY = BestY;
    %%%%%%%%%%%%%此为新的最优解%%%%%%%%%%%%%%
    BestX = NextX;
    BestY = NextY;
end
%%%%%%%%%%%%%% Metropolis 过程%%%%%%%%%%%%%%%%
if( func2(PreX,PreY) - func2(NextX,NextY) > 0 )
    %%%%%%%%%%%%%%%%接受新解%%%%%%%%%%%%%%%%
    PreX = NextX;
    PreY = NextY;
    P = P+1;
else
    changer = -1*(func2(NextX,NextY)-func2(PreX,PreY))/ T ;
    p1 = exp(changer);
    %%%%%%%%%%%%%%接受较差的解%%%%%%%%%%%%%%
    if p1 > rand
        PreX = NextX;
        PreY = NextY;
        P = P+1;
    end
end
trace(P+1) = func2(BestX, BestY);
```

```
        end
        deta = abs( func2( BestX,BestY)-func2(PreBestX, PreBestY));
end
disp('最小值在点:');
BestX
BestY
disp( '最小值为:');
func2(BestX, BestY)
plot(trace(2:end))
xlabel('迭代次数')
ylabel('目标函数值')
title('适配值进化曲线')
%%%%%%%%%%%%%%%%%%适应度函数%%%%%%%%%%%%%%%%%%%
function value = func2(x,y)
value = 5*cos(x*y)+x*y+y*y;
```

例 7.3 旅行商问题（TSP）。假设有一个旅行的商人要拜访全国 31 个省会城市，他需要选择所要走的路径，路径的限制是每个城市只能拜访一次，而且最后要回到原来出发的城市。路径的选择要求是：所选路径的路程为所有路径之中的最小值。

全国 31 个省会城市的坐标为 [1304 2312; 3639 1315; 4177 2244; 3712 1399; 3488 1535; 3326 1556; 3238 1229; 4196 1004; 4312 790; 4386 570; 3007 1970; 2562 1756; 2788 1491; 2381 1676; 1332 695; 3715 1678; 3918 2179; 4061 2370; 3780 2212; 3676 2578; 4029 2838; 4263 2931; 3429 1908; 3507 2367; 3394 2643; 3439 3201; 2935 3240; 3140 3550; 2545 2357; 2778 2826; 2370 2975]。

解：仿真过程如下：

（1）初始化优化城市规模 $n=31$，初始温度为 $T=100\times n$，内部 Markov 链长度为 $L=100$，衰减参数为 $K=0.99$，计算初始解路径长度。

（2）随机交换初始解路径中的两个城市的坐标，计算新的路径长度，以 Metropolis 算法确定是否替代旧路径，在一种温度下，迭代 L 次。

（3）判断是否满足终止条件：若满足，则结束搜索过程，输出优化值；若不满足，则衰减温度，进行迭代优化。

优化后的路径如图 7.5 所示，适应度进化曲线如图 7.6 所示。

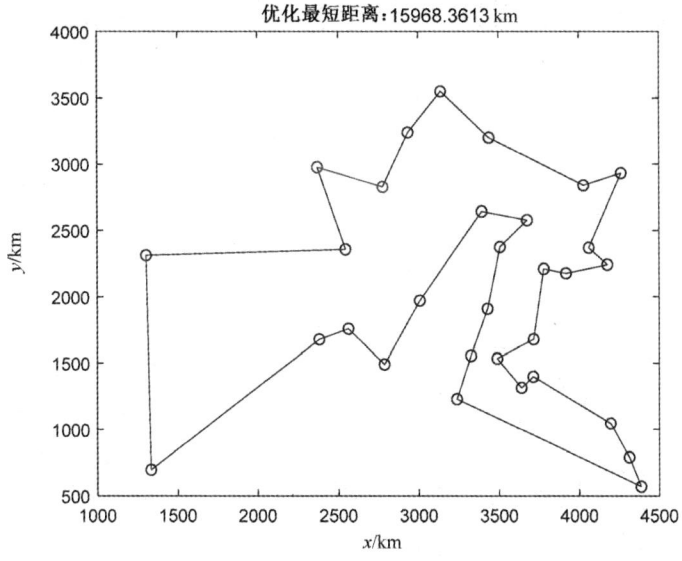

图 7.5　例 7.3 优化后的路径

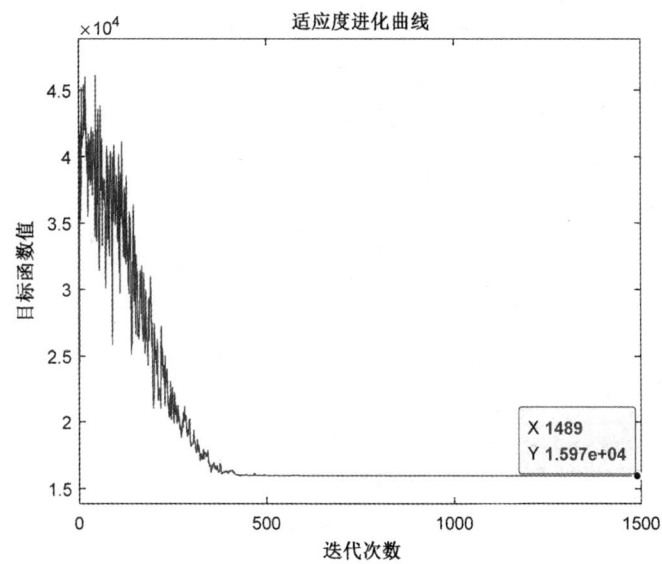

图 7.6　例 7.3 适应度进化曲线

MATLAB 源程序如下：

```
%%%%%%%%%%%%%%%模拟退火算法解决TSP%%%%%%%%%%%%%%%
%%%%%%%%%%%%%%%%%%%%初始化%%%%%%%%%%%%%%%%%%%%%
clear all;                              %清除所有变量
```

```
close all;                              %清图
clc;                                    %清屏
C = [1304 2312;3639 1315;4177 2244;3712 1399;3488 1535;3326 1556;...
    3238 1229;4196 1044;4312 790;4386 570;3007 1970;2562 1756;...
    2788 1491;2381 1676;1332 695;3715 1678;3918 2179;4061 2370;...
    3780 2212;3676 2578;4029 2838;4263 2931;3429 1908;3507 2376;...
    3394 2643;3439 3201;2935 3240;3140 3550;2545 2357;2778 2826;...
    2370 2975];                         %31个省会城市坐标
n = size(C,1);                          %TSP的规模,即城市数目
T = 100*n;                              %初始温度
L = 100;                                %Markov链长度
K = 0.99;                               %衰减参数
%%%%%%%%%%%%%%%%%%城市坐标结构体%%%%%%%%%%%%%%%%%%
city = struct([]);
for i = 1:n
    city(i).x = C(i,1);
    city(i).y = C(i,2);
end
l = 1;                                  %统计迭代次数
len(l) = func3(city,n);                 %每次迭代后的路线长度
figure(1);
while T > 0.001                         %停止迭代温度
    %%%%%%%%%%多次迭代扰动,温度降低之前多次实验%%%%%%%%%%
    for i = 1:L
        %%%%%%%%%%%%%%%计算原路线总距离%%%%%%%%%%%%%%%
        len1 = func3(city,n);
        %%%%%%%%%%%%%%%%%产生随机扰动%%%%%%%%%%%%%%%%%
        %%%%%%%%%%随机置换两个不同的城市的坐标%%%%%%%%%%
        p1 = floor(1+n*rand());
        p2 = floor(1+n*rand());
        while p1==p2
            p1 = floor(1+n*rand());
            p2 = floor(1+n*rand());
        end
        tmp_city = city;
        tmp = tmp_city(p1);
```

```
            tmp_city(p1) = tmp_city(p2);
            tmp_city(p2) = tmp;
            %%%%%%%%%%%%计算新路线总距离%%%%%%%%%%%%%%
            len2 = func3(tmp_city,n);
            %%%%%%%%%%新老距离的差值,相当于能量%%%%%%%%%%
            delta_e = len2-len1;
            %%%%%%%%新路线好于旧路线,用新路线代替旧路线%%%%%%%%
            if delta_e < 0
                city = tmp_city;
            else
                %%%%%%%%%%以概率选择是否接受新解%%%%%%%%%%%
                if exp(-delta_e/T) > rand()
                    city = tmp_city;
                end
            end
        end
        l = l+1;
        %%%%%%%%%%%%%%%计算新路线距离%%%%%%%%%%%%%%%%%
        len(l) = func3(city,n);
        %%%%%%%%%%%%%%%温度不断下降%%%%%%%%%%%%%%%%%%
        T = T*K;
        for i = 1:n-1
            plot([city(i).x,city(i+1).x],[city(i).y,city(i+1).y],'bo-');
            hold on;
        end
        plot([city(n).x,city(1).x],[city(n).y,city(1).y],'ro-');
        title(['优化最短距离:',num2str(len(l))]);
        hold off;
        pause(0.005);
end
figure(2);
plot(len)
xlabel('迭代次数')
ylabel('目标函数值')
title('适应度进化曲线')
%%%%%%%%%%%%%%%%%计算路线总长度%%%%%%%%%%%%%%%%%%%%
function len = func3(city,n)
```

```
len = 0;
for i = 1:n-1
    len = len+sqrt((city(i).x-city(i+1).x)^2+(city(i).y-city(i+1).y)^2);
end
len = len+sqrt((city(n).x-city(1).x)^2+(city(n).y-city(1).y)^2);
```

参考文献

[1] KIRKPATRICK S, GELATT C, VECCHI M. Optimization by simulated annealing[J]. Science, 1983(220): 671-680.

[2] 杨若黎, 顾基发. 一种高效的模拟退火全局优化算法[J]. 系统工程理论与实践, 1997, 17(5): 30-33.

[3] CERNY V. Thermodynamical Approach to the traveling salesman problem: an efficient simulation algorithm[J]. Journal of Optimization Theory and Applications, 1985(45): 41-45.

[4] CORANA A, MARCHESI M, MARTINI C, et al. Minimizing multimodal functions for continuous variables with the "simulated annealing" algorithm[J]. ACM Transactions on Mathematical Software, 1987(13): 262-280.

[5] YAO X, LI G J. General simulated annealing[J]. The Journal of Computer Science and Technology, 1991, 6(4): 329-338.

[6] LAARHOVEN P, AARTS E. LENSTRA J K. Job shop scheduling by simulated annealing[J]. Operations Research, 1992, 40(l): 113-125.

[7] TAREK M, NABHAN A, IBERT Y, et al. Parallel simulated annealing algorithm with low communication over head[J], IEEE Transactions on Parallel and Distributed Systems, 1995, 6(12): 1226-1233.

[8] 李士勇, 李研. 智能优化算法原理与应用[M]. 哈尔滨: 哈尔滨工业大学出版社, 2012: 40-46.

[9] CHARNES A, WOLFE M. Extended Pincus Theorems and convergence of simulated annealing[C]. International Journal of Systems Science, 1989, 20(8): 1521-1533.

[10] ROSE C. Low mean intermodal distance network topologies and simulated annealing[C]. IEEE Transactions on Communications, 1992, 40(8): 1319-1326.

第 8 章
禁忌搜索算法

8.1 引言

一个问题的求解过程就是搜索，它是人工智能的一个基本问题。搜索技术已渗透在各种人工智能系统中，可以说没有哪一种人工智能的应用不用搜索方法。

禁忌搜索（Tabu Search or Taboo Search，TS）算法的思想最早由美国工程院院士 Glover 教授于 1986 年提出[1]，并在 1989 年和 1990 年对该算法进行了进一步的定义和改进[2-4]。在自然计算的研究领域中，禁忌搜索算法以其灵活的存储结构和相应的禁忌准则来避免迂回搜索，在智能算法中独树一帜，成为一个研究热点，受到国内外学者的广泛关注。迄今为止，禁忌搜索算法在组合优化、生产调度、机器学习、电路设计和神经网络等领域取得了很大的成功，近年来又在函数全局优化方面得到较多的研究，并有迅速发展的趋势[5-8]。

所谓禁忌，就是禁止重复前面的操作。为了改进局部邻域搜索容易陷入局部最优解的不足，禁忌搜索算法引入一个禁忌表，记录下已经搜索过的局部最优解，在下一次搜索中，对禁忌表中的信息不再搜索或有选择地搜索，以此来跳出局部最优解，从而最终实现全局优化。禁忌搜索算法是对局部邻域搜索的一种扩展，是一种全局邻域搜索、逐步寻优的算法。

禁忌搜索算法是一种迭代搜索算法，它区别于其他现代启发式算法的显著特点，是利用记忆来引导算法的搜索过程；它是对人类智力过程的一种模拟，是人工智能的一种体现。禁忌搜索算法涉及邻域、禁忌表、禁忌长度、候选解、藐视准则等概念，它通过禁忌准则来避免重复搜索，通过藐视准则来赦免一些被禁忌的优良状态，进而保证多样化的有效搜索，以最终实现全局优化。

8.2 禁忌搜索算法理论

8.2.1 局部邻域搜索

局部邻域搜索是基于贪婪准则持续地在当前的邻域中进行搜索，虽然其算法通用，易于实现，且容易理解，但其搜索性能完全依赖于邻域结构和初始解，尤其容易陷入局部极值而无法保证全局优化。

局部搜索的算法可以描述为：

（1）选定一个初始可行解：x^0；记录当前最优解 $x^{best} = x^0$，$T = N(x^{best})$，其中 $N(x^{best})$ 表示 x^{best} 的邻域。

（2）当 $T - x^{best} = \varnothing$（空集），或满足其他停止运算准则时，输出计算结果，停止运算；否则，继续步骤（3）。

（3）从 T 中选一集合 S，得到 S 中的最优解 x^{now}。若 $f(x^{now}) < f(x^{best})$，则 $x^{best} = x^{now}$，$T = N(x^{best})$；否则，$T = T - S$，重复步骤（2），继续搜索。

其中，步骤（1）的初始解可随机选取，也可由一些经验算法或是其他算法得到。步骤（3）中集合 S 的选取可以大到 $N(x^{best})$ 本身，也可小到只有一个元素。S 取值小，将使每一步的计算量少，但可比较的范围小；S 取值大，则每一步计算时间长，但比较的范围大。这两种情况的应用效果依赖于实际问题。在步骤（2）中，$T - x^{best} = \varnothing$ 以外的其他终止准则的选取取决于人们对算法计算时间、计算结果的要求。

这种邻域搜索算法易于理解和实现，而且具有很好的通用性，但是搜索结果的好坏完全依赖于初始解和邻域的结构。若邻域结构设置不当，或初始解选择不合适，则搜索结果会很差，可能只会搜索到局部最优解，即算法在搜索过程中容易陷入局部极值。因此，若不在搜索策略上进行改进，要实现全局优化，局部邻域搜索算法采用的邻域函数就必须是"完全"的，即邻域函数将导致解的完全枚举。而这在大多数情况下是无法实现的，而且穷举的方法对于大规模问题在搜索时间上也是不允许的。为了实现全局搜索，禁忌搜索算法采用允许接受劣质解的策略来避免局部最优解。

8.2.2 禁忌搜索

禁忌搜索是模拟人的思维的一种智能搜索方法,即人们对已搜索的地方不会再立即去搜索,而对其他地方进行搜索;若没有找到最优解,可再搜索已去过的地方。禁忌搜索算法从一个初始可行解出发,选择一系列的特定搜索方向(或称为"移动")作为试探,选择使目标函数值减小最多的移动。为了避免陷入局部最优解,禁忌搜索算法中采用了一种灵活的"记忆"技术,即对已经进行的优化过程进行记录,指导下一步的搜索方向,这就是禁忌表的建立。禁忌表中保存了最近若干次迭代过程中所实现的移动,凡是处于禁忌表中的移动,在当前迭代过程中是禁忌进行的,这样可以避免算法重新访问在最近若干次迭代过程中已经访问过的解,从而防止出现循环,帮助算法摆脱局部最优解。另外,为了尽可能不错过产生最优解的"移动",禁忌搜索算法还采用"特赦准则"的策略。

对于一个初始解,在一个邻域范围内对其进行一系列试探,从而得到许多候选解。从这些候选解中选出最优候选解,将候选解对应的目标值与"best so far"(当前最优)状态进行比较。若其目标值优于"best so far"状态,就将该候选解解禁,用来替代当前最优解及其"best so far"状态,然后将其加入禁忌表,再将禁忌表中相应对象的禁忌长度改变;如果所有的候选解中所对应的目标值都不存在优于"best so far"状态,就从这些候选解中选出不属于禁忌对象的最佳状态,并将其作为新的当前解,而不用与当前最优解进行比较,直接将其所对应的对象作为禁忌对象,并对禁忌表中相应对象的禁忌长度进行修改。

8.2.3 禁忌搜索算法的特点

禁忌搜索算法是在邻域搜索的基础上,通过设置禁忌表来禁忌一些已经进行过的操作,而利用藐视准则来奖励其中一些优良状态。邻域结构、候选解、禁忌长度、禁忌对象、藐视准则、终止准则等,是影响禁忌搜索算法性能的关键。邻域函数沿用局部邻域搜索的思想,用于实现邻域搜索;禁忌表和禁忌对象的设置,体现了算法避免迂回搜索的特点;藐视准则则用于对优良状态的奖励,它是对禁忌策略的一种放松。

与传统的优化算法相比,禁忌搜索算法的主要特点是:

(1)禁忌搜索算法的新解不是在当前解的邻域中随机产生的,它要么是优于"best so far"的解,要么是非禁忌的最优解,因此选取优良解的概率远远大于选取其他劣质解的概率。

(2)禁忌搜索算法具有灵活的记忆功能和藐视准则,并且在搜索过程中可以接受劣质解，因而具有较强的"爬山"能力，搜索时能够跳出局部最优解，转向解空间的其他区域，从而增大获得全局最优解的概率。因此，禁忌搜索算法是一种局部搜索能力很强的全局迭代寻优算法。

8.2.4 禁忌搜索算法的改进方向

禁忌搜索算法是著名的启发式搜索算法，但是禁忌搜索算法也有明显的不足，即在以下方面需要改进：

（1）该算法对初始解有较强的依赖性。好的初始解可使禁忌搜索算法在解空间中搜索到好的解，而较差的初始解则会降低禁忌搜索算法的收敛速度。因此，可以与遗传算法、模拟退火算法等优化算法结合，先产生较好的初始解，再用禁忌搜索算法进行搜索优化。

（2）迭代搜索过程是串行的，仅是单一状态的移动，而非并行搜索。为了进一步改善禁忌搜索算法的性能，一方面可以对禁忌搜索算法本身的操作和参数选取进行改进，对算法的初始化、参数设置等方面实施并行策略，得到各种不同类型的并行禁忌搜索算法[9]；另一方面则可以与遗传算法、神经网络算法以及基于问题信息的局部搜索相结合。

（3）在集中性搜索与多样性搜索并重的情况下，多样性不足。集中性搜索策略用于加强对当前搜索的优良解的邻域做进一步更为充分的搜索，以期找到全局最优解。多样性搜索策略则用于拓宽搜索区域，尤其是未知区域，当搜索陷入局部最优时，多样性搜索可改变搜索方向，跳出局部最优，从而实现全局最优。

8.3 禁忌搜索算法流程

禁忌搜索算法的基本思想是：给定一个当前解（初始解）和一个邻域，然后在当前解的邻域中确定若干候选解；若最佳候选解对应的目标值优于"best so far"状态，则忽视其禁忌特性，用它替代当前解和"best so far"状态，并将相应的对象加入禁忌表，同时修改禁忌表中各对象的任期；若不存在上述候选解，则在候选解中选择非禁忌的最佳状态为新的当前解，而无视它与当前解的优劣，同时将相应的对象加入禁忌表，并修改禁忌表中各对象的任期。如此重复上述迭代搜索过程，直至满足停止准则。其算法步骤可描述如下：

（1）给定禁忌搜索算法参数，随机产生初始解 x，置空禁忌表。

（2）判断算法终止条件（收敛准则）是否满足：若满足，则结束算法并输出优化结果；否则，继续以下步骤。

（3）利用当前解的邻域函数产生其所有（或若干）邻域解，并从中确定若干候选解。

（4）对候选解判断藐视准则是否满足：若满足，则用满足藐视准则的最佳状态 y 替代 x 成为新的当前解，即 $x=y$，并用与 y 对应的禁忌对象替换最早进入禁忌表的禁忌对象，同时用 y 替换"best so far"（当前最优）状态，然后转至步骤（6）；否则，继续以下步骤。

（5）判断候选解对应的各对象的禁忌属性，选择候选解集中非禁忌对象对应的最佳状态为新的当前解，同时用与之对应的禁忌对象替换最早进入禁忌表的禁忌对象。

（6）判断算法终止条件是否满足：若满足，则结束算法并输出优化结果；否则，转至步骤（3）。

禁忌搜索算法的运算流程如图 8.1 所示。

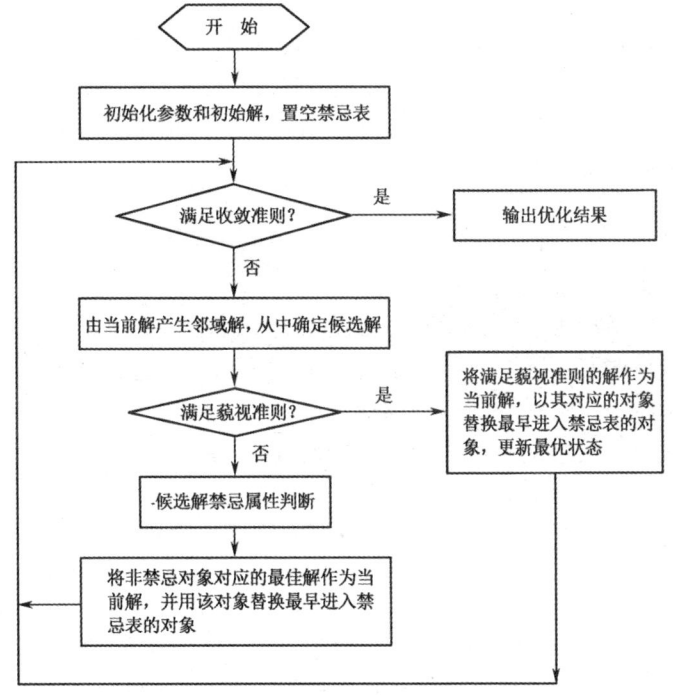

图 8.1 禁忌搜索算法的运算流程

8.4 关键参数说明

一般而言,要设计一种禁忌搜索算法,需要确定算法的以下环节:初始解、适配值函数、邻域结构、禁忌对象、候选解选择、禁忌表、禁忌长度、藐视准则、搜索策略、终止准则[10, 11]。面对如此众多的参数,针对不同邻域的具体问题,很难有一套比较完善的或非常严格的步骤来确定这些参数。

初始解

禁忌搜索算法可以随机给出初始解,也可以事先使用其他启发式算法等给出一个较好的初始解。由于禁忌搜索算法主要是基于邻域搜索的,初始解的好坏对搜索的性能影响很大。尤其是一些带有很复杂约束的优化问题,如果随机给出的初始解很差,甚至通过多步搜索也很难找到一个可行解,这时应该针对特定的复杂约束,采用启发式方法或其他方法找出一个可行解作为初始解;再用禁忌搜索算法求解,以提高搜索的质量和效率。也可以采用一定的策略来降低禁忌搜索算法对初始解的敏感性。

适配值函数

禁忌搜索算法的适配值函数用于对搜索进行评价,进而结合禁忌准则和特赦准则来选取新的当前状态。目标函数值和它的任何变形都可以作为适配值函数。若目标函数的计算比较困难或耗时较长,此时可采用反映问题目标的某些特征值来作为适配值,进而改善算法的时间性能。选取何种特征值要视具体问题而定,但必须保证特征值的最佳性与目标函数的最优性一致。适配值函数的选择主要考虑提高算法的效率、便于搜索的进行等因素。

邻域结构

所谓邻域结构,是指从一个解(当前解)通过"移动"产生另一个解(新解)的途径,它是保证搜索产生优良解和影响算法搜索速度的重要因素之一。邻域结构的设计通常与问题相关。邻域结构的设计方法很多,对不同的问题应采用不同的设计方法,常用设计方法包括互换、插值、逆序等。不同的"移动"方式将导致邻域解个数及其变化情况的不同,对搜索质量和效率有一定影响。

通过移动,目标函数值将产生变化,移动前后的目标函数值之差称为移动值。

如果移动值是非负的,则称此移动为改进移动;否则,称之为非改进移动。最好的移动不一定是改进移动,也可能是非改进移动,这一点能保证在搜索陷入局部最优时禁忌搜索算法自动跳出局部最优。

禁忌对象

所谓禁忌对象,就是被置入禁忌表中的那些变化元素。禁忌的目的则是为了尽量避免迂回搜索而多搜索一些解空间中的其他地方。禁忌对象通常可选取状态本身或状态分量等。

候选解选择

候选解通常在当前状态的邻域中择优选取,若选取过多,将造成较大的计算量;而选取较少,则容易"早熟"收敛。但要做到整个邻域的择优,往往需要进行大量的计算。因此,可以确定性地或随机性地在部分邻域中选取候选解,具体数据大小可视问题特征和对算法的要求而定。

禁忌表

不允许恢复(即被禁止)的性质称作禁忌(Tabu)。禁忌表的主要目的是阻止搜索过程中出现循环和避免陷入局部最优,它通常记录前若干次的移动,禁止这些移动在近期内返回。在迭代固定次数后,禁忌表释放这些移动,重新参加运算,因此它是一个循环表,每迭代一次,就将最近的一次移动放在禁忌表的末端,而它的最早的一个移动就从禁忌表中释放出来。

从数据结构上讲,禁忌表是具有一定长度的先进先出的队列。禁忌搜索算法使用禁忌表禁止搜索曾经访问过的解,从而禁止搜索中的局部循环。禁忌表可以使用两种记忆方式:明晰记忆和属性记忆。明晰记忆是指禁忌表中的元素是一个完整的解,消耗较多的内存和时间;属性记忆是指禁忌表中的元素记录当前解移动的信息,如当前解移动的方向等。

禁忌长度

所谓禁忌长度,是指禁忌对象在不考虑特赦准则的情况下不允许被选取的最大次数。通俗地讲,禁忌长度可视为禁忌对象在禁忌表中的任期。禁忌对象只有当其任期为 0 时才能被解禁。在算法的设计和构造过程中,一般要求计算量和存储量尽量小，这就要求禁忌长度尽量小。但是，禁忌长度过小将造成搜索的循环。禁忌长度的选取与问题特征相关，它在很大程度上决定了算法的计算复杂性。

一方面，禁忌长度可以是一个固定常数（如 $t=c$，c 为一常数），或者固定为与问题规模相关的一个量（如 $t=\sqrt{n}$，n 为问题维数或规模），如此实现起来方便、简单，也很有效；另一方面，禁忌长度也可以是动态变化的，如根据搜索性能和问题特征设定禁忌长度的变化区间，而禁忌长度则可按某种规则或公式在这个区间内变化。

藐视准则

在禁忌搜索算法中，可能会出现候选解全部被禁忌，或者存在一个优于"best so far"状态的禁忌候选解，此时特赦准则将某些状态解禁，以实现更高效的优化性能。特赦准则的常用方式有：

（1）基于适配值的原则：某个禁忌候选解的适配值优于"best so far"状态，则解禁此候选解为当前状态和新的"best so far"状态。

（2）基于搜索方向的准则：若禁忌对象上次被禁忌时使得适配值有所改善，并且目前该禁忌对象对应的候选解的适配值优于当前解，则对该禁忌对象解禁。

搜索策略

搜索策略分为集中性搜索策略和多样性搜索策略。

集中性搜索策略用于加强对优良解的邻域的进一步搜索，其简单的处理手段是在一定步数的迭代后基于最佳状态重新进行初始化，并对其邻域进行再次搜索。在大多数情况下，重新初始化后的邻域空间与上一次的邻域空间是不一样的，当然也就有一部分邻域空间可能是重叠的。

多样性搜索策略则用于拓宽搜索区域，尤其是未知区域，其简单的处理手段是对算法重新进行随机初始化，或者根据频率信息对一些已知对象进行惩罚。

终止准则

禁忌搜索算法需要一个终止准则来结束算法的搜索进程，而严格理论意义上的收敛条件，即在禁忌长度充分大的条件下实现状态空间的遍历，这显然是不可能实现的。因此，在实际设计算法时通常采用近似的收敛准则。常用的方法有：

（1）给定最大迭代步数。当禁忌搜索算法运行到指定的迭代步数之后，则终止搜索。

（2）设定某个对象的最大禁忌频率。若某个状态、适配值或对换等对象的禁忌频率超过某一阈值，或最佳适配值连续若干步保持不变，则终止算法。

（3）设定适配值的偏离阈值。首先估计问题的下界，一旦算法中最佳适配值与下界的偏离值小于某规定阈值，则终止搜索。

8.5 MATLAB 仿真实例

例 8.1 旅行商问题（TSP）。假设有一个旅行的商人要拜访全国 31 个省会城市，他需要选择所要走的路径，路径的限制是每个城市只能拜访一次，而且最后要回到原来出发的城市。路径的选择要求是：所选路径的路程为所有路径之中的最小值。

全国 31 个省会城市的坐标为 [1304 2312; 3639 1315; 4177 2244; 3712 1399; 3488 1535; 3326 1556; 3238 1229; 4196 1004; 4312 790; 4386 570; 3007 1970; 2562 1756; 2788 1491; 2381 1676; 1332 695; 3715 1678; 3918 2179; 4061 2370; 3780 2212; 3676 2578; 4029 2838; 4263 2931; 3429 1908; 3507 2367; 3394 2643; 3439 3201; 2935 3240; 3140 3550; 2545 2357; 2778 2826; 2370 2975]。

解：仿真过程如下：

（1）初始化优化城市规模 $N = 31$，禁忌长度 TabuL = 22，候选集的个数 Ca = 200，最大迭代次数 $G = 1000$。

（2）计算任意两个城市的距离间隔矩阵 D；随机产生一组路径为初始解 S_0，计算其适配值，并将其赋给当前最优解 bestsofar。

（3）定义初始解的邻域映射为 2-opt 形式，即初始解路径中的两个城市坐标进行对换。产生 Ca 个候选解，计算候选解的适配值，并保留前 Ca/2 个最好候选解。

（4）对候选解判断是否满足藐视准则：若满足，则用满足藐视准则的解替代初始解成为新的当前最优解，并更新禁忌表 Tabu 和禁忌长度 TabuL，然后转至步骤（6）；否则，继续以下步骤。

（5）判断候选解对应的各对象的禁忌属性，选择候选解集中非禁忌对象所对应的最佳状态为新的当前解，同时更新禁忌表 Tabu 和禁忌长度 TabuL。

（6）判断是否满足终止条件：若满足，则结束搜索过程，输出优化值；若不满足，则继续进行迭代优化。

优化后的路径如图 8.2 所示，适应度进化曲线如图 8.3 所示。

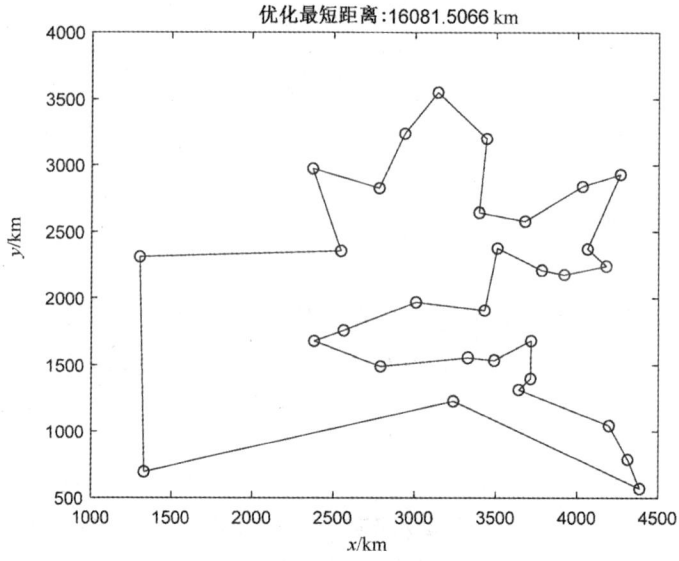

图 8.2　例 8.1 优化后的路径

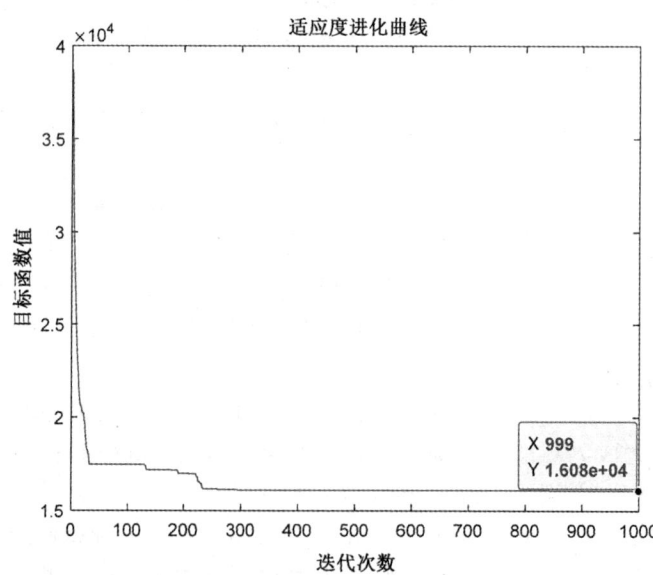

图 8.3　例 8.1 适应度进化曲线

MATLAB 源程序如下：

```
%%%%%%%%%%%%%%%禁忌搜索算法解决 TSP%%%%%%%%%%%%%%%%%
%%%%%%%%%%%%%%%%%%%%%%%初始化%%%%%%%%%%%%%%%%%%%%%%%
clear all;                          %清除所有变量
```

```matlab
close all;                                  %清图
clc;                                        %清屏
C = [1304 2312;3639 1315;4177 2244;3712 1399;3488 1535;3326 1556;...
    3238 1229;4196 1044;4312 790;4386 570;3007 1970;2562 1756;...
    2788 1491;2381 1676;1332 695;3715 1678;3918 2179;4061 2370;...
    3780 2212;3676 2578;4029 2838;4263 2931;3429 1908;3507 2376;...
    3394 2643;3439 3201;2935 3240;3140 3550;2545 2357;2778 2826;...
    2370 2975];                             %31个省会城市坐标
N = size(C,1);                              %TSP的规模,即城市数目
D = zeros(N);                               %任意两个城市距离间隔矩阵
%%%%%%%%%%%%%%%求任意两个城市距离间隔矩阵%%%%%%%%%%%%%%%
for i = 1:N
    for j = 1:N
        D(i,j) = ((C(i,1)-C(j,1))^2+...
            (C(i,2)-C(j,2))^2)^0.5;
    end
end
Tabu = zeros(N);                            %禁忌表
TabuL = round((N*(N-1)/2)^0.5);             %禁忌长度
Ca = 200;                                   %候选集的个数(全部邻域解个数)
CaNum = zeros(Ca,N);                        %候选解集合
S0 = randperm(N);                           %随机产生初始解
bestsofar = S0;                             %当前最优解
BestL = Inf;                                %当前最优解距离
figure(1);
p = 1;
G = 1000;                                   %最大迭代次数
%%%%%%%%%%%%%%%%%%%禁忌搜索循环%%%%%%%%%%%%%%%%%%%
while p < G
    ALong(p) = func1(D,S0);                 %当前解适配值
    %%%%%%%%%%%%%%%%%交换城市%%%%%%%%%%%%%%%%%
    i = 1;
    A = zeros(Ca,2);                        %解中交换的城市矩阵
    %%%%%%%%%%%%%求邻域解中交换的城市矩阵%%%%%%%%%%%%
    while i <= Ca
        M = N*rand(1,2);
        M = ceil(M);
```

```matlab
            if M(1) ~= M(2)
                A(i,1) = max(M(1),M(2));
                A(i,2) = min(M(1),M(2));
                if i==1
                    isa = 0;
                else
                    for j = 1:i-1
                        if A(i,1)==A(j,1)  && A(i,2)==A(j,2)
                            isa = 1;
                            break;
                        else
                            isa = 0;
                        end
                    end
                end
                if ~isa
                    i = i+1;
                else
                end
            else
            end
end
%%%%%%%%%%%%%%%%产生邻域解%%%%%%%%%%%%%%%%%%%
%%%%%%%%%%%%保留前BestCaNum个最好候选解%%%%%%%%%%%%
BestCaNum = Ca/2;
BestCa = Inf*ones(BestCaNum,4);
F = zeros(1,Ca);
for i = 1:Ca
    CaNum(i,:) = S0;
    CaNum(i,[A(i,2),A(i,1)]) = S0([A(i,1),A(i,2)]);
    F(i) = func1(D,CaNum(i,:));
    if i <= BestCaNum
        BestCa(i,2) = F(i);
        BestCa(i,1) = i;
        BestCa(i,3) = S0(A(i,1));
        BestCa(i,4) = S0(A(i,2));
    else
```

```
            for j = 1:BestCaNum
                if F(i) < BestCa(j,2)
                    BestCa(j,2) = F(i);
                    BestCa(j,1) = i;
                    BestCa(j,3) = S0(A(i,1));
                    BestCa(j,4) = S0(A(i,2));
                    break;
                end
            end
        end
    end
end
[JL,Index] = sort(BestCa(:,2));
SBest = BestCa(Index,:);
BestCa = SBest;
%%%%%%%%%%%%%%%%%藐视准则%%%%%%%%%%%%%%%%%
if BestCa(1,2) < BestL
    BestL = BestCa(1,2);
    S0 = CaNum(BestCa(1,1),:);
    bestsofar = S0;
    for m = 1:N
        for n = 1:N
            if Tabu(m,n) ~= 0
                Tabu(m,n) = Tabu(m,n)-1;
                %更新禁忌表
            end
        end
    end
    Tabu(BestCa(1,3),BestCa(1,4)) = TabuL;
    %更新禁忌表
else
    for i = 1:BestCaNum
        if Tabu(BestCa(i,3),BestCa(i,4))==0
            S0 = CaNum(BestCa(i,1),:);
            for m = 1:N
                for n = 1:N
                    if Tabu(m,n) ~= 0
                        Tabu(m,n) = Tabu(m,n)-1;
```

```matlab
                        %更新禁忌表
                    end
                end
            end
            Tabu(BestCa(i,3),BestCa(i,4)) = TabuL;
            %更新禁忌表
            break;
        end
    end
end
ArrBestL(p) = BestL;
p = p+1;
for i = 1:N-1
    plot([C(bestsofar(i),1),C(bestsofar(i+1),1)],...
        [C(bestsofar(i),2),C(bestsofar(i+1),2)],'bo-');
    hold on;
end
plot([C(bestsofar(N),1),C(bestsofar(1),1)],...
    [C(bestsofar(N),2),C(bestsofar(1),2)],'ro-');
title(['优化最短距离:',num2str(BestL)]);
hold off;
pause(0.005);
end
BestShortcut = bestsofar;              %最佳路线
theMinDistance = BestL;                %最佳路线长度
figure(2);
plot(ArrBestL);
xlabel('迭代次数')
ylabel('目标函数值')
title('适应度进化曲线')
%%%%%%%%%%%%%%%%%适配值函数%%%%%%%%%%%%%%%%%%%
function F = func1(D,s)
DistanV = 0;
n = size(s,2);
for i = 1:(n-1)
    DistanV = DistanV+D(s(i),s(i+1));
end
```

```
        DistanV = DistanV+D(s(n),s(1));
        F = DistanV;
```

例 8.2 求函数 $f(x, y) = (\cos(x^2+y^2) - 0.1) / (1 + 0.3(x^2+y^2)^2) + 3$ 的最大值，其中 x 的取值范围为 $[-5,5]$，y 的取值范围为 $[-5,5]$。这是一个有多个局部极值的函数，其函数值图形如图 8.4 所示。

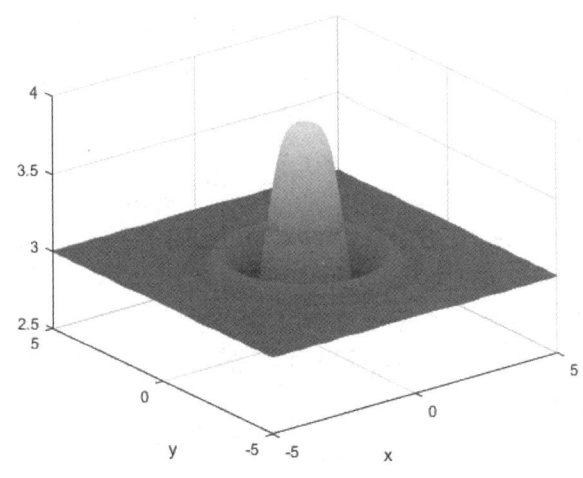

图 8.4 例 8.2 函数值图形

其 MATLAB 实现程序如下：

```
%%%%f(x, y)=(cos(x^2+y^2)-0.1)/(1+0.3*(x^2+y^2)^2)+3%%%%
clear all;                  %清除所有变量
close all;                  %清图
clc;                        %清屏
x=-5:0.01:5;
y=-5:0.01:5;
N=size(x,2);
for i=1:N
    for j=1:N
       z(i,j)=(cos(x(i)^2+y(j)^2)-0.1)/(1+0.3*(x(i)^2+y(j)^2)^2)+3;
    end
end
mesh(x,y,z)
xlabel('x')
```

```
ylabel('y')
```

解：仿真过程如下：

（1）初始化禁忌长度 TabuL 为 5～11 之间的随机整数，邻域解个数 Ca = 5，最大迭代次数 $G = 200$，禁忌表为 Tabu。

（2）随机产生一初始解，计算其适配值，记为当前最优解 bestsofar 和当前解 xnow；产生 5 个邻域解，计算其适配值，将其中的最优解作为候选解 candidate。

（3）计算候选解 candidate 与当前解 xnow 的差值 delta1，以及它与当前最优解 bestsofar 的差值 delta2。当 delta1<0 时，把候选解 candidate 赋给下一次迭代的当前解 xnow，并更新禁忌表 Tabu。

（4）当 delta1>0，同时 delta2>0 时，把候选解 candidate 赋给下一次迭代的当前解 xnow 和当前最优解 bestsofar，并更新禁忌表 Tabu。

（5）当 delta1>0，同时 delta2<0 时，判断候选解 candidate 是否在禁忌表中：若不在，则把候选解 candidate 赋给下一次迭代的当前解 xnow，并更新禁忌表 Tabu；若在，则用当前解 xnow 重新产生邻域解。

（6）判断是否满足终止条件：若满足，则结束搜索过程，输出优化值；若不满足，则继续进行迭代优化。

优化搜索结束后，其最优值曲线如图 8.5 所示，优化后的结果为 $x = 0.045$，$y = -0.0366$，函数 $f(x, y)$ 的最大值为 3.9。

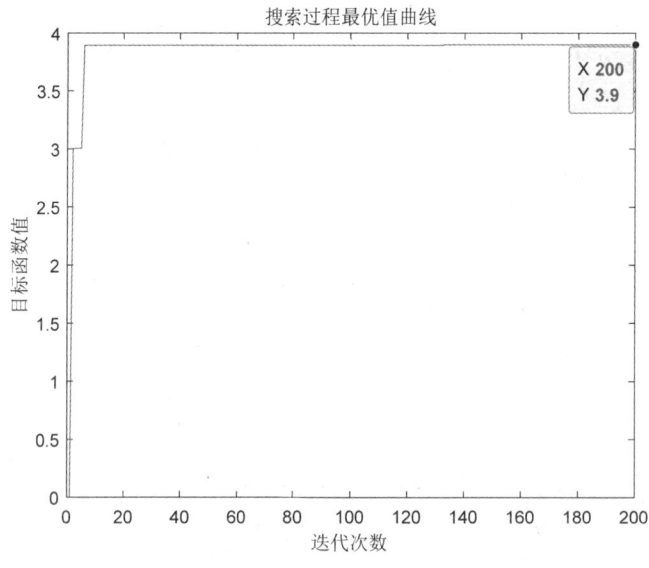

图 8.5　搜索过程最优值曲线

```
DistanV = DistanV+D(s(n),s(1));
F = DistanV;
```

例 8.2 求函数 $f(x, y) = (\cos(x^2+y^2) - 0.1) / (1 + 0.3(x^2+y^2)^2) + 3$ 的最大值，其中 x 的取值范围为[-5，5]，y 的取值范围为[-5，5]。这是一个有多个局部极值的函数，其函数值图形如图 8.4 所示。

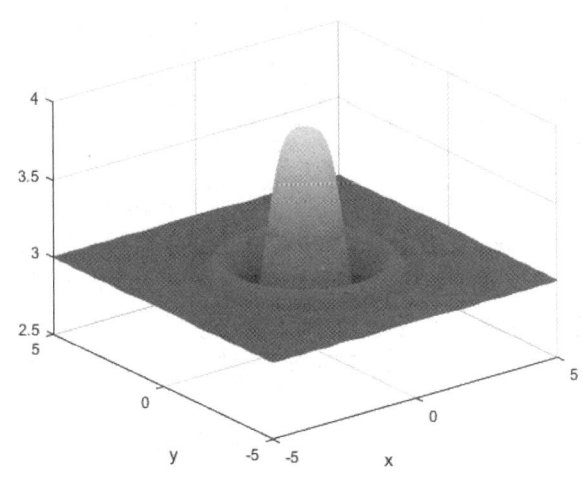

图 8.4 例 8.2 函数值图形

其 MATLAB 实现程序如下：

```
%%%%f(x, y)=(cos(x^2+y^2)-0.1)/(1+0.3*(x^2+y^2)^2)+3%%%%
clear all;                %清除所有变量
close all;                %清图
clc;                      %清屏
x=-5:0.01:5;
y=-5:0.01:5;
N=size(x,2);
for i=1:N
    for j=1:N
        z(i,j)=(cos(x(i)^2+y(j)^2)-0.1)/(1+0.3*(x(i)^2+y(j)^2)^2)+3;
    end
end
mesh(x,y,z)
xlabel('x')
```

```
ylabel('y')
```

解：仿真过程如下：

（1）初始化禁忌长度 TabuL 为 5～11 之间的随机整数，邻域解个数 Ca = 5，最大迭代次数 $G = 200$，禁忌表为 Tabu。

（2）随机产生一初始解，计算其适配值，记为当前最优解 bestsofar 和当前解 xnow；产生 5 个邻域解，计算其适配值，将其中的最优解作为候选解 candidate。

（3）计算候选解 candidate 与当前解 xnow 的差值 delta1，以及它与当前最优解 bestsofar 的差值 delta2。当 delta1<0 时，把候选解 candidate 赋给下一次迭代的当前解 xnow，并更新禁忌表 Tabu。

（4）当 delta1>0，同时 delta2>0 时，把候选解 candidate 赋给下一次迭代的当前解 xnow 和当前最优解 bestsofar，并更新禁忌表 Tabu。

（5）当 delta1>0，同时 delta2<0 时，判断候选解 candidate 是否在禁忌表中：若不在，则把候选解 candidate 赋给下一次迭代的当前解 xnow，并更新禁忌表 Tabu；若在，则用当前解 xnow 重新产生邻域解。

（6）判断是否满足终止条件：若满足，则结束搜索过程，输出优化值；若不满足，则继续进行迭代优化。

优化搜索结束后，其最优值曲线如图 8.5 所示，优化后的结果为 $x = 0.045$，$y = -0.0366$，函数 $f(x, y)$ 的最大值为 3.9。

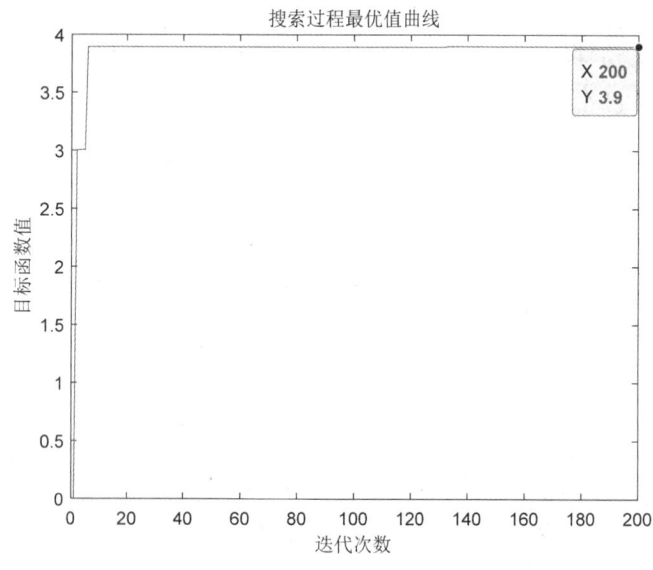

图 8.5　搜索过程最优值曲线

MATLAB 源程序如下:

```matlab
%%%%%%%%%%%禁忌搜索算法求函数极值问题%%%%%%%%%%%%
%%%%%%%%%%%%%%%%%%%初始化%%%%%%%%%%%%%%%%%%%%%
clear all;                          %清除所有变量
close all;                          %清图
clc;                                %清屏
xu = 5;                             %上界
xl = -5;                            %下界
L = randi([5 11],1,1);              %禁忌长度取[5,11]之间的随机数
Ca = 5;                             %邻域解个数
G = 200;                            %禁忌算法的最大迭代次数;
w = 1;                              %自适应权重系数
tabu = [];                          %禁忌表
x0 = rand(1,2)*(xu-xl)+xl;          %随机产生初始解
bestsofar.key = x0;                 %最优解
xnow(1).key = x0;                   %当前解
%%%%%%%%%%%%%最优解函数值,当前解函数值%%%%%%%%%%%%%
bestsofar.value = func2(bestsofar.key);
xnow(1).value = func2(xnow(1).key);
g = 1;
while g < G
    x_near = [];                    %邻域解
    w = w*0.998;
    for i = 1:Ca
        %%%%%%%%%%%%%%产生邻域解%%%%%%%%%%%%%%%%
        x_temp = xnow(g).key;
        x1 = x_temp(1);
        x2 = x_temp(2);
        x_near(i,1) = x1+(2*rand-1)*w*(xu-xl);
        %%%%%%%%%%%%边界条件处理%%%%%%%%%%%%%%%%
        %%%%%%%%%%%%边界吸收%%%%%%%%%%%%%%%%%%%
        if x_near(i,1) < xl
            x_near(i,1) = xl;
        end
        if x_near(i,1) > xu
```

```
            x_near(i,1) = xu;
        end
        x_near(i,2) = x2+(2*rand-1)*w*(xu-xl);
            %%%%%%%%%%%%%边界条件处理%%%%%%%%%%%%
            %%%%%%%%%%%%%边界吸收%%%%%%%%%%%%%%%
        if x_near(i,2) < xl
            x_near(i,2) = xl;
        end
        if x_near(i,2) > xu
            x_near(i,2) = xu;
        end
        %%%%%%%%%%%%计算邻域解点的函数值%%%%%%%%%%%%
        fitvalue_near(i) = func2(x_near(i,:));
end
%%%%%%%%%%%%%最优邻域解为候选解%%%%%%%%%%%%%%%
temp = find(fitvalue_near==max(fitvalue_near));
candidate(g).key = x_near(temp,:);
candidate(g).value = func2(candidate(g).key);
%%%%%%%%%%%候选解和当前解的评价函数差%%%%%%%%%%
delta1 = candidate(g).value-xnow(g).value;
%%%%%%%%%%候选解和当前最优解的评价函数差%%%%%%%%%
delta2 = candidate(g).value-bestsofar.value;
%%%%候选解并没有改进解,把候选解赋给下一次迭代的当前解%%%%
if delta1 <= 0
    xnow(g+1).key = candidate(g).key;
    xnow(g+1).value = func2(xnow(g).key);
    %%%%%%%%%%%%%%%更新禁忌表%%%%%%%%%%%%%%%
    tabu = [tabu;xnow(g+1).key];
    if size(tabu,1) > L
        tabu(1,:) = [];
    end
    g = g+1;                      %更新禁忌表后,迭代次数自增1
%%%%%%如果相对于当前解有改进,则应与当前最优解比较%%%%%%
else
    if delta2 > 0              %候选解比当前最优解优
        %%%%%%%%把改进解赋给下一次迭代的当前解%%%%%%%%
```

```matlab
        xnow(g+1).key = candidate(g).key;
        xnow(g+1).value = func2(xnow(g+1).key);
        %%%%%%%%%%%%%更新禁忌表%%%%%%%%%%%%%%
        tabu = [tabu;xnow(g+1).key];
        if size(tabu,1) > L
            tabu(1,:) = [];
        end
        %%%%%%把改进解赋给下一次迭代的当前最优解%%%%%%%
        %%%%%%%%%%%%%包含藐视准则%%%%%%%%%%%%%%
        bestsofar.key = candidate(g).key;
        bestsofar.value = func2(bestsofar.key);
        g = g+1;                   %更新禁忌表后,迭代次数自增1
    else
        %%%%%%%%%判断改进解是否在禁忌表里%%%%%%%%%%
        [M,N] = size(tabu);
        r = 0;
        for m = 1:M
            if candidate(g).key(1)==tabu(m,1)...
                & candidate(g).key(2) == tabu(m,1)
                r = 1;
            end
        end
        if  r==0
            %改进解不在禁忌表里,把改进解赋给下一次迭代的当前解
            xnow(g+1).key = candidate(g).key;
            xnow(g+1).value = func2(xnow(g+1).key);
            %%%%%%%%%%%%%更新禁忌表%%%%%%%%%%%%%%
            tabu = [tabu;xnow(g).key];
            if size(tabu,1) > L
                tabu(1,:) = [];
            end
            g = g+1;               %更新禁忌表后,迭代次数自增1
        else
            %%%如果改进解在禁忌表里,用当前解重新产生邻域解%%%
            xnow(g).key = xnow(g).key;
            xnow(g).value = func2(xnow(g).key);
```

```
            end
         end
      end
      trace(g) = func2(bestsofar.key);
end
bestsofar;                                %最优变量及最优值
figure
plot(trace);
xlabel('迭代次数')
ylabel('目标函数值')
title('搜索过程最优值曲线')
%%%%%%%%%%%%%%%%%%%%适配值函数%%%%%%%%%%%%%%%%%%%
function y = func2(x)
y = (cos(x(1)^2+x(2)^2)-0.1)/(1+0.3*(x(1)^2+x(2)^2)^2)+3;
```

参考文献

[1] GLOVER F. Future paths for integer programming and links to artificial intelligence[J]. Computers and Operations Research, 1986, 13(5): 533-549.

[2] GLOVER F. Tabu search - part I[J]. ORSA Journal on Computing, 1989, 1(3): 190-206.

[3] GLOVER F. Tabu search - part II[J]. ORSA Journal on Computing, 1990, 2(1): 4-326.

[4] GLOVER F. Tabu search: a tutorial, special issue on the practice of mathematical programming [J]. Interfaces, 1990, 20(1): 4-32.

[5] ODDI A, CESTA A. A tabu search strategy to solve scheduling problems with deadlines and complex metric constraints[C]. Proceedings of the 4th European Conference on Planning: Recent Advances in AI Planning, 1997, 1348(1): 351-363.

[6] HIGGINS A J. A dynamic tabu search for large-scale generalised assignment problems[J]. Computers and Operations Research, 2001, 28(10): 1039-1048.

[7] GENDREAU M, LAPORTE G, SEMET E. A tabu search heuristic for the undirected selective travelling salesman problem[J]. European Journal of Operational Research, 1998, 106(2-3): 539-545.

[8] SMALL N, AMAUD F. A parallel tabu search algorithm for the 0-1 multidimensional Knapsack problem[C]. Proceedings of the 11th International Symposium on Oil Parallel Processing, 1997: 512-516.

[9] 汪定伟,王俊伟,王洪峰,等. 智能优化方法[M]. 北京: 高等教育出版社,2007: 100-113

[10] 贺一. 禁忌搜索及其并行化研究[D]. 重庆: 西南大学, 2006: 11-15.

[11] 李士勇,李研. 智能优化算法原理与应用[M]. 哈尔滨: 哈尔滨工业大学出版社,2012: 47-55.

第 9 章
神经网络算法

9.1 引言

　　神经网络（Neural Network，NN）或人工神经网络（Artificial Neural Network，ANN），是指由大量的简单计算单元（即神经元）构成的非线性系统，它在一定程度上模仿了人脑神经系统的信息处理、存储和检索功能，是对人脑神经网络的某种简化、抽象和模拟[1]。

　　早在 1943 年，心理学家 McCulloch 和数学家 Pitts 就合作提出了形式神经元的数学模型，从此开创了神经科学理论研究的时代[2]。1957 年 Rosenblatt 提出了感知器模型，它由阈值性神经元组成，试图模拟动物和人脑的感知和学习能力[3]。1982 年 J. J. Hopfield 提出了具有联想记忆功能的 Hopfield 神经网络，引入了能量函数的原理，给出了网络的稳定性判据，这一成果标志着神经网络的研究取得了突破性的进展[4]。

　　神经网络应用研究就是探讨如何利用神经网络解决工程实际问题。人们可以在几乎所有的领域中发现神经网络应用的踪影。当前它的主要应用领域有：模式识别、故障检测、智能机器人、非线性系统辨识和控制、市场分析、决策优化、智能接口、知识处理、认知科学等。神经网络具有一些显著的特点：具有非线性映射能力；不需要精确的数学模型；擅长从输入输出数据中学习有用知识；容易实现并行计算；由大量简单计算单元组成，易于用软硬件实现等。正因为神经网络是一种模仿生物神经系统构成的新型信息处理模型，并具有独特的结构，所以人们期望它能解决一些传统方法难以解决的复杂问题。

截至目前，已经出现了许多神经网络模型及相应的学习算法。其中，Rumelhart 等人于 1985 年提出的 BP 神经网络的误差反向传播（Back Propagation，BP）算法[5, 6]，是一种最常用的神经网络算法。它利用输出后的误差来估计输出层的直接前导层的误差，再用这个误差估计更前一层的误差，如此一层一层地反向传播下去，就获得了所有其他各层的误差估计。目前，深度学习中热门的卷积神经网络（Convolutional Neural Network，CNN）和循环神经网络（Recurrent Neural Network，RNN）在模型训练过程中都使用误差反向传播（BP）算法。

9.2 神经网络算法理论

神经网络的结构和基本原理是以人脑的组织结构和活动规律为背景的，它反映了人脑的某些基本特征，是人脑的某些抽象、简化和模仿。神经网络由许多并行运算的简单功能单元—— 神经元组成，每个神经元有一个输出，它可以连接到许多其他神经元，每个神经元输入有多个连接通路，每个连接通路对应一个连接权系数。

9.2.1 人工神经元模型

神经网络由许多并行运算、功能简单的神经元组成，神经元是构成神经网络的基本元素[7]。因此，构造一个人工神经网络系统的首要任务，是构造人工神经元模型，如图 9.1 所示。

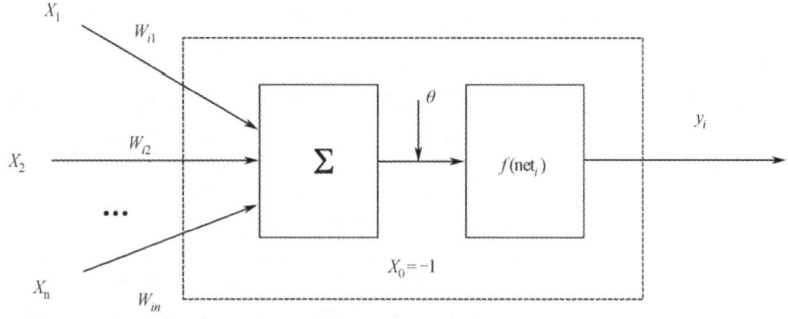

图 9.1 人工神经元模型

图 9.1 中 $x_1 \sim x_n$ 是从其他神经元传来的输入信号，w_{ij} 表示表示从神经元 j 到神经元 i 的连接权值，θ 表示一个阈值（或称为偏置），则神经元 i 的输出与输入的关系表示为：

$$\text{net}_i = \sum_{j=1}^{n} w_{ij} x_j - \theta \tag{9.1}$$

$$y_i = f(\text{net}_i) \tag{9.2}$$

图 9.1 中 y_i 表示神经元 i 的输出，函数 f 称为激活函数或转移函数，net 称为净激活。若将阈值看成神经元 i 的一个输入 x_0 的权重 w_{i0}，则式（9.1）可以简化为

$$\text{net}_i = \sum_{j=0}^{n} w_{ij} x_j \tag{9.3}$$

若用 $\boldsymbol{X}$ 表示输入向量，用 $\boldsymbol{W}$ 表示权重向量，即

$$\boldsymbol{X} = [x_0 \quad x_1 \quad x_2 \quad \cdots \quad x_n] \tag{9.4}$$

$$\boldsymbol{W} = \begin{bmatrix} w_{i0} \\ w_{i1} \\ w_{i2} \\ \cdots \\ w_{in} \end{bmatrix} \tag{9.5}$$

则神经元的输出可以表示为向量相乘的形式：

$$\text{net}_i = \boldsymbol{XW} \tag{9.6}$$

$$Y_i = f(\text{net}_i) = f(\boldsymbol{XW}) \tag{9.7}$$

若神经元的净激活 net 为正，则称该神经元处于激活状态；若净激活 net 为负，则称神经元处于抑制状态。

9.2.2 常用激活函数

激活函数的选择是构建神经网络过程中的重要环节，下面简要介绍几种常用的激活函数，其中前三个属于线性函数，后两个为非线性函数。

（1）线性函数

$$f(x) = kx + c \tag{9.8}$$

（2）斜面函数

$$f(x) = \begin{cases} T, & x > c \\ kx, & |x| \leqslant c \\ -T, & x < -c \end{cases} \tag{9.9}$$

（3）阈值函数

$$f(x) = \begin{cases} 1, & x \geqslant c \\ 0, & x < c \end{cases} \tag{9.10}$$

(4) S 形函数

$$f(x) = \frac{1}{1+e^{-\alpha x}} \quad (0 < f(x) < 1) \qquad (9.11)$$

该函数的导函数为

$$f'(x) = \frac{\alpha e^{-\alpha x}}{(1+e^{-\alpha x})^2} = \alpha f(x)[1-f(x)] \qquad (9.12)$$

(5) 双极 S 形函数

$$f(x) = \frac{2}{1+e^{-\alpha x}} - 1 \quad (-1 < f(x) < 1) \qquad (9.13)$$

该函数的导函数为

$$f'(x) = \frac{2\alpha e^{-\alpha x}}{(1+e^{-\alpha x})^2} = \frac{\alpha[1-f(x)^2]}{2} \qquad (9.14)$$

由于 BP 算法要求激活函数可导，因而 S 形函数与双极 S 形函数适合用在 BP 神经网络中。

9.2.3 神经网络模型

神经网络是由大量的神经元互相连接而构成的网络。根据网络中神经元的互连方式，常见网络结构主要可以分为以下 3 类[8]：

(1) 前馈神经网络；
(2) 反馈神经网络；
(3) 自组织网络。

前馈网络也称前向网络。这种网络只在训练过程会有反馈信号，而在分类过程中数据只能向前传送，直到到达输出层，层间没有向后的反馈信号，因此称之为前馈网络。典型的前馈神经网络有：BP 神经网络、卷积神经网络（CNN）。

反馈神经网络是一种从输出到输入具有反馈连接的神经网络，其结构比前馈网络要复杂得多。典型的反馈神经网络有：Elman 网络、Hopfield 网络、循环神经网络（RNN）。

自组织神经网络是一种非督导学习网络。它通过自动寻找样本中的内在规律和本质属性，自组织、自适应地改变网络参数与结构。典型的自组织神经网络有：自组织映射网络（SOM）、自适应共振理论网络（ART）。

9.2.4 神经网络工作方式

神经网络运作过程分为学习和工作两种状态[7]。

神经网络学习状态

神经网络的学习主要是指使用学习算法来调整神经元间的连接权，使得网络输出更符合实际。学习算法分为督导学习和非督导学习两类。督导学习算法是将一组训练集送入网络，根据网络的实际输出与期望输出间的差别来调整连接权重。非督导学习抽取样本集合中蕴含的统计特性，并以神经元之间的连接权重的形式存于网络中。

督导学习算法的主要步骤包括：
（1）从样本集合中取一个样本（A_i，B_i），其中 A_i 是输入，B_i 是期望输出；
（2）计算网络的实际输出 O；
（3）求 $D = B_i - O$；
（4）根据 D 调整权矩阵 W；
（5）对每个样本重复上述过程，直到对整个样本集来说，误差不超过规定范围为止。

督导学习算法：Delta 学习规则

Delta 学习规则是一种简单的督导学习算法，该算法根据神经元实际输出与期望输出的差别来调整连接权，其数学表达式如下：

$$w_{ij}(t+1) = w_{ij}(t) + \alpha(d_i - y_i)x_j(t) \tag{9.15}$$

其中：w_{ij} 表示神经元 j 到神经元 i 的连接权；d_i 是神经元 i 的期望输出；y_i 是神经元 i 的实际输出；x_j 表示神经元 j 的状态，若神经元 j 处于激活态则 x_j 为 1，若处于抑制状态则 x_j 为 0 或 –1（根据激活函数而定）；α 是表示学习速度的常数，称为学习率。假设 x_j 为 1，若 d_i 比 y_i 大，那么 w_{ij} 将增大；若 d_i 比 y_i 小，那么 w_{ij} 将变小。

Delta 规则简单来讲就是：若神经元实际输出比期望输出大，则减小所有输入为正的连接的权重，增大所有输入为负的连接的权重；反之，若神经元实际输出比期望输出小，则增大所有输入为正的连接的权重，减小所有输入为负的连接的权重。

神经网络的工作状态

神经元间的连接权重保持不变，神经网络处于工作状态，作为分类器、预测器等使用。

9.2.5 神经网络算法的特点

神经网络算法是一种通用的优化算法，人们可以在几乎所有的领域中发现神经网络的应用[8]。它具有以下特点：

（1）神经网络算法与传统的参数模型方法最大的不同，在于它是数据驱动的自适应技术，不需要对问题模型做任何先验假设。在解决问题的内部规律未知或难以描述的情况下，神经网络可以通过对样本数据的学习训练，获取数据之间隐藏的函数关系。因此，神经网络方法特别适用于解决一些利用假设和现存理论难以解释，但却具备足够多的数据和观察变量的问题。

（2）神经网络技术具备泛化能力，泛化能力是指经训练后学习模型对未来训练集中出现的样本做出正确反应的能力。因此可以通过样本内的历史数据来预测样本外的未来数据。神经网络可以通过对输入的样本数据的学习训练，获得隐藏在数据内部的规律，并利用学习到的规律来预测未来的数据。因此，泛化能力使神经网络成为一种理想的预测技术。

（3）神经网络是一个具有普遍适用性的函数逼近器。它可以以任意精度逼近任何连续函数。在处理同一个问题时，神经网络的内部函数形式比传统的统计方法更为灵活和有效。传统的统计预测模型由于存在各种限制，不能对复杂的变量函数关系进行有效的估计；而神经网络强大的函数逼近能力，为复杂系统内部函数识别提供了一种有效的方法。

（4）神经网络是非线性的方法。神经网络中的每个神经元都可以接受大量其他神经元输入，而且每个神经元的输入和输出之间都是非线性关系。神经元之间的这种互相制约和互相影响的关系，可以实现整个网络从输入状态到输出状态空间的非线性映射。因此，神经网络可以处理一些环境信息十分复杂、知识背景不清楚和推理规则不明确的问题。

9.3 梯度下降算法

梯度下降算法也称最速下降算法，是一种最优化算法，它基于这样一个事实：如果实值函数 $f(x)$ 在点 x 处可微且有定义，那么函数 $f(x)$ 在 x 点沿着负梯度（梯度的反方向）下降最快，沿着梯度下降方向求解最小值。

梯度下降算法主要用于优化单个参数的取值，而反向传播算法给出了在所有参数上使用梯度下降算法的高效方式，从而使神经网络模型在训练数据上的损失函数尽可能小。反向传播算法是训练神经网络的核心算法，它可以根据定义好的损失函数优化神经网络中参数的取值,从而使神经网络模型在训练数据集上的损失函数达到一个较小值。

假设 x 是一个向量,考虑 $f(x)$ 的泰勒展开式:

$$f(x_k + \Delta x_k) = f(x_k) + \nabla f(x_k)\Delta x_k + o[(\Delta x_k)^2] \approx f(x_k) + \nabla f(x_k)\Delta x_k \quad (9.16)$$

式中,

$$\Delta x_k = x_{k+1} - x_k = \alpha_k d_k \quad (9.17)$$

α_k 为步长标量, d_k 为方向向量。如果想要函数值下降,则要求

$$\nabla f(x_k)\Delta x_k = \|\nabla f(x_k)\| \cdot \|\Delta x_k\| \cdot \cos[\nabla f(x_k), \Delta x_k] < 0 \quad (9.18)$$

如果想要下降得最快,则需要 $\nabla f(x_k)\Delta x_k$ 取最小值,即

$$\cos[\nabla f(x_k), \Delta x_k] = -1 \quad (9.19)$$

也就是说,此时 x 的变化方向(Δx_k 的方向)跟梯度 $\nabla f(x_k)$ 的方向恰好相反。梯度迭代公式为

$$x_{k+1} = x_k - \alpha_k \frac{\nabla f(x_k)}{\|\nabla f(x_k)\|} \quad (9.20)$$

那么步长如何选取呢?步长的选取很关键,如果选得较小,会收敛很慢;如果较大,可能有时候会跳过最优点,甚至导致函数值增大。因此,最好选择一个变化的步长:在离最优点较远的时候,步长大一点;在离最优点较近的时候,步长小一点。

一个不错的选择是 $\alpha_k = \alpha\|\nabla f(x_k)\|$,于是梯度迭代公式变为

$$x_{k+1} = x_k - \alpha \nabla f(x_k) \quad (9.21)$$

此时 α 是一个固定值,称为学习率。该方法称为固定学习率的梯度下降算法。

9.4 BP 神经网络算法

BP 神经网络算法的主要思想是:对于 n 个输入学习样本"$x^1, x^2, \cdots, x^n$",已知与其对应的 m 个输出样本为"$t^1, t^2, \cdots, t^m$"。用网络的实际输出($z^1, z^2, \cdots, z^m$)与目标矢量($t^1, t^2, \cdots, t^m$)之间的误差来修改其权值,使 z^l ($l=1, 2, \cdots, m$) 与期望的 t^l 尽可能地接近,即:使网络输出层的误差平方和达到最小。据统计,有 80%~90%的神经网络模型都采用 BP 神经网络或者它的变形[9]。

BP 神经网络的学习过程主要由四部分组成:输入模式顺传播、输出误差逆传播、循环记忆训练、学习结果判别。这个算法的学习过程,由正向传播和反向传播组成,在正向传播过程中,输入信息从输入层经隐含层单元逐层处理,并传向输出层,每一层神经元的状态只影响下一层神经元的状态。如果在输出层不能得

到所期望的输出,则转入反向传播,将误差信号沿原来的连接通路返回,通过修改各层神经元的权值,使得误差信号减小,然后再转入正向传播过程。反复迭代,直到误差小于给定的值为止[10, 11]。

采用 BP 算法的前馈神经网络通常被称为 BP 神经网络(简称 BP 网络)。BP 网络具有很强的非线性映射能力,一个三层 BP 网络能够实现对任意非线性函数的逼近。一个典型的三层 BP 网络模型如图 9.2 所示。

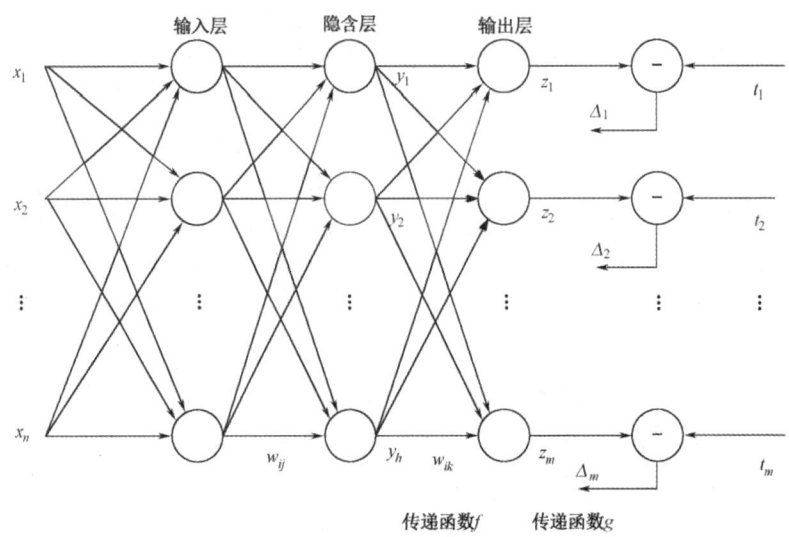

图 9.2 典型的三层 BP 网络模型

设网络的输入模式为 $x = (x_1, x_2, \ldots, x_n)^T$,隐含层有 h 个单元,隐含层的输出为 $y = (y_1, y_2, \ldots, y_h)^T$,输出层有 m 个单元,它们的输出为 $z = (z_1, z_2, \cdots, z_m)^T$,目标输出为 $t = (t_1, t_2, \ldots, t_m)^T$,隐含层到输出层的传递函数为 f,输出层的传递函数为 g。于是可得:

$$y_j = f(\sum_{i=1}^{n} w_{ij}x_i - \theta) = f(\sum_{i=0}^{n} w_{ij}x_i) \tag{9.22}$$

$$z_k = g(\sum_{j=0}^{h} w_{jk}y_j) \tag{9.23}$$

式(9.22)中的 y_j 表示隐含层第 j 个神经元的输出,$w_{0j} = \theta$,$x_0 = -1$;式(9.23)中的 z_k 表示输出层第 k 个神经元的输出。

此时,网络输出与目标输出的误差为

$$\varepsilon = \frac{1}{2}\sum_{k=1}^{m}(t_k - z_k)^2 \tag{9.24}$$

下面的步骤就是想办法调整权值，使 ε 减小。由于负梯度方向是函数值减小最快的方向，因此可以设定一个步长 η，每次沿负梯度方向调整 η 个单位，即每次权值的调整为

$$\Delta w_{pq} = -\eta \frac{\partial \varepsilon}{\partial w_{pq}} \tag{9.25}$$

式中，η 在神经网络中称为学习速率。可以证明：按这个方法调整，误差会逐渐减小。因此，BP 网络的调整顺序为：

（1）先调整隐含层到输出层的权值。设 v_k 为输出层第 k 个神经元的输入，则

$$v_k = \sum_{j=0}^{h} w_{jk} y_j \tag{9.26}$$

$$\frac{\partial \varepsilon}{\partial w_{jk}} = \frac{\frac{1}{2}\sum_{k=1}^{m}(t_k - z_k)^2}{\partial w_{jk}} = \frac{\frac{1}{2}\sum_{k=1}^{m}(t_k - z_k)^2}{\partial z_k} \frac{\partial z_k}{\partial v_k} \frac{\partial v_k}{\partial w_{jk}}$$

$$= -(t_k - z_k)g'(v_k)\overset{\Delta}{y_j} = \overset{\Delta}{-\delta_k} y_i \tag{9.27}$$

于是隐含层到输出层的权值调整迭代公式为

$$w_{jk}(t+1) = w_{jk}(t) + \eta \delta_k y_j \tag{9.28}$$

（2）从输入层到隐含层的权值调整迭代公式为

$$\frac{\partial \varepsilon}{\partial w_{ij}} = \frac{\frac{1}{2}\sum_{k=1}^{m}(t_k - z_k)^2}{\partial w_{ij}} = \frac{\frac{1}{2}\sum_{k=1}^{m}(t_k - z_k)^2}{\partial y_j} \frac{\partial y_j}{\partial u_j} \frac{\partial u_j}{\partial w_{ij}} \tag{9.29}$$

式中，u_j 为隐含层第 j 个神经元的输入，即

$$u_j = \sum_{i=0}^{n} w_{ij} x_i \tag{9.30}$$

注意：隐含层第 j 个神经元与输出层的各个神经元都有连接，即 $\frac{\partial \varepsilon}{\partial y_j}$ 涉及所有的权值 w_{ij}，因此

$$\frac{\partial \varepsilon}{\partial y_j} = \sum_{k=0}^{m} \frac{\partial (t_k - z_k)^2}{\partial z_k} \frac{\partial z_k}{\partial u_k} \frac{\partial u_k}{\partial y_j} = -\sum_{k=0}^{m}(t_k - z_k)f'(u_k)w_{jk} \tag{9.31}$$

于是

$$\frac{\partial \varepsilon}{\partial w_{ij}} = \frac{\frac{1}{2}\sum_{k=1}^{m}(t_k - z_k)^2}{\partial w_{ij}} = -\sum_{k=0}^{m}\left[(t_k - z_k)f'(u_k)w_{jk}\right]f'(u_j)\overset{\Delta}{x_i} = \overset{\Delta}{-\delta_j} x_i \tag{9.32}$$

因此，从输入层到隐含层的权值调整迭代公式为

$$w_{ij}(t+1) = w_{ij}(t) + \eta \delta_j x_i \tag{9.33}$$

具体运算流程如图 9.3 所示。

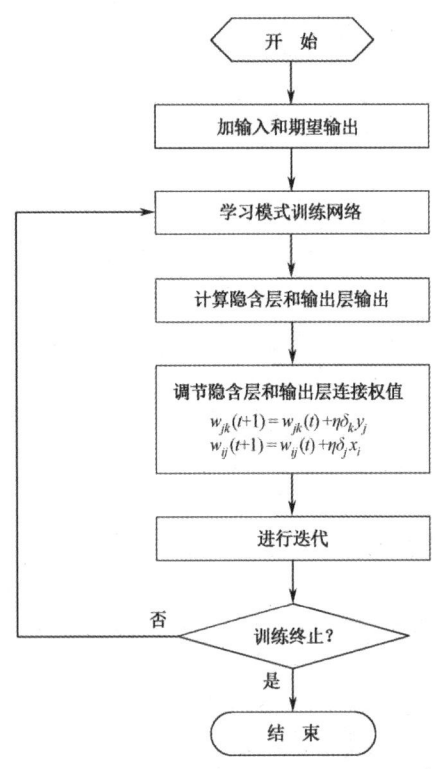

图 9.3　BP 算法的运算流程

9.5　神经网络算法的实现

MATLAB 中集成有神经网络算法的命令函数，本节简要介绍这些命令函数及使用方法，详细信息可查看 MATLAB 帮助信息。

9.5.1　数据预处理

神经网络有些输入数据的范围可能特别大，会导致神经网络收敛慢、训练时间长。因此，在训练神经网络前一般需要对数据进行预处理。一种重要的预处理手段是归一化处理，就是将数据映射到[0, 1]或[−1, 1]区间或更小的区间。

一种简单而快速的归一化算法是线性转换算法。线性转换算法常见的有两种形式。一种形式是：

$$y = (x - \min) / (\max - \min) \tag{9.34}$$

其中 min 为 x 的最小值，max 为 x 的最大值，x 为输入，y 为归一化后的输出。式 (9.34) 将数据归一化到 [0, 1] 区间，当激活函数采用 S 形函数 [值域为 (0, 1)] 时这个公式适用。

另一种形式是：

$$y = 2(x - \min)/(\max - \min) - 1 \tag{9.35}$$

这个公式将数据归一化到 [-1, 1] 区间。当激活函数采用双极 S 形函数 [值域为 (-1, 1)] 时这个公式适用。

MATLAB 中归一化处理数据可以采用 premnmx、postmnmx 和 tramnmx 这 3 个函数实现，也可以通过 mapminmax 这一个函数来实现。

premnmx 函数

语法：[pn, minp, maxp, tn, mint, maxt] = premnmx(p, t)

pn：p 矩阵按行归一化后的矩阵；

minp，maxp：p 矩阵每一行的最小值，最大值；

tn：t 矩阵按行归一化后的矩阵；

mint，maxt：t 矩阵每一行的最小值，最大值；

作用：将矩阵 p、t 归一化到[-1，1]，主要用于归一化处理训练数据集。

tramnmx 函数

语法：[pn] = tramnmx(p, minp, maxp);

minp，maxp：premnmx 函数计算的矩阵的最小，最大值；

pn：归一化后的矩阵；

作用：主要用于归一化处理待分类的输入数据。

postmnmx 函数

语法：[p, t] = postmnmx(pn, minp, maxp, tn, mint, maxt)

minp，maxp：premnmx 函数计算的 p 矩阵每行的最小值，最大值；

mint，maxt：premnmx 函数计算的 t 矩阵每行的最小值，最大值；

作用：将矩阵 pn、tn 映射回归一化处理前的范围，主要用于将神经网络的输出结果映射回归一化前的数据范围。

mapminmax 函数

语法 1：[y1, PS] = mapminmax(x1)

x1 是需要归一化的矩阵；

y1 是归一化后的结果；

PS 是一个结构体，主要包含映射前矩阵的每一行的最小值和最大值，以及映射到新矩阵的每一行的最小值和最大值。

作用：将矩阵的每一行归一化到[-1, 1]。

语法 2：y2 = mapminmax('apply', x2, PS)

x2 是需要归一化的矩阵；

y2 是结果；

PS 是一个结构体，主要包含映射前矩阵的每一行的最小值和最大值，以及映射到新矩阵的每一行的最小值和最大值。

作用：主要用于归一化处理待分类的输入数据。

语法 3：x1_again = mapminmax('reverse', y1, PS)

y1 是需要还原的矩阵；

x1_again 是结果；

PS 是一个结构体，主要包含映射前矩阵的每一行的最小值和最大值，以及映射到新矩阵的每一行的最小值和最大值。

作用：将归一化的数据还原为处理前的范围，主要用于将神经网络的输出结果映射回归一化前的数据范围。

9.5.2 神经网络的实现函数

使用 MATLAB 建立前馈神经网络主要会使用到下面 3 个函数：

newff：前馈神经网络创建函数；

train：训练一个神经网络；

sim：使用神经网络进行仿真。

下面简要介绍这 3 个函数的用法。

newff 函数

newff 函数语法

newff 函数即前馈神经网络创建函数，newff 函数参数列表有很多的可选参数，具体可以参考 MATLAB 的帮助文档，这里简要介绍一下。

语法：net = newff(P, T, [S1 S2...S(N-l)], {TF1 TF2...TFN}, BTF, BLF, PF, IPF, OPF, DDF)

P：输入矩阵向量；
T：目标矩阵向量；
[S1 S2...S(N-1)]：神经网络前 N-1 层每层神经元数；
{TF1 TF2...TFN}：神经网络激活函数，默认为'tansig'；
BTF：学习规则采用的训练算法，默认为'trainlm'；
BLF：BP 权值/偏差学习函数，默认为'learngdm'；
PF：性能函数，默认为'mse'；
IPF：输入处理函数；
OPF：输出处理函数；
DDF：验证数据划分函数。
一般在使用过程中设置前 7 个参数，后 3 个参数采用系统默认参数即可。

常用的激活函数

常用的激活函数有：
（1）线性函数
$$f(x) = x \tag{9.36}$$
该函数的字符串为'purelin'。
（2）对数 S 形转移函数
$$f(x) = \frac{1}{1+e^{-x}} \quad (0 < f(x) < 1) \tag{9.37}$$
该函数的字符串为'logsig'。
（3）双曲正切 S 形函数
$$f(x) = \frac{2}{1+e^{-x}} - 1 \quad (-1 < f(x) < 1) \tag{9.38}$$
也就是上面所提到的双极 S 形函数，该函数的字符串为'tansig'。

只有当希望对网络的输出进行限制（如限制在 0 和 1 之间）时在输出层才应当包含 S 形激活函数。在一般情况下，均是在隐含层采用双极 S 形激活函数，而输出层采用线性激活函数。

常用的训练函数

常用的训练函数有：
trainbfg —— BFGS 拟牛顿 BP 算法训练函数；
trainbr —— 贝叶斯正则化算法的 BP 算法训练函数；
traingd —— 梯度下降的 BP 算法训练函数；
traingda —— 梯度下降自适应 lr 的 BP 算法训练函数；

traingdm —— 梯度下降动量的 BP 算法训练函数；
traingdx —— 梯度下降动量和自适应 lr 的 BP 算法训练函数；
trainlm —— Levenberg-Marquardt 的 BP 算法训练函数；
trainrp —— 具有弹性的 BP 算法训练函数；
trains —— 顺序递增 BP 训练函数；
trainscg —— 量化连接梯度 BP 训练函数。

常用的学习函数

learngd —— BP 学习规则；
learngdm ——带动量项的 BP 学习规则。

常用的性能函数

mse —— 均方误差函数；
msereg——均方误差规范化函数。

配置参数

一些重要的网络配置参数如下：
net.trainparam.goal —— 神经网络训练的目标误差；
net.trainparam.show —— 显示中间结果的周期；
net.trainparam.epochs —— 最大迭代次数；
net.trainParam.lr —— 学习率。

train 函数

train 函数即神经网络训练学习函数。
语法：[net, tr, Y1, E] = train(net, X, Y)
X：网络输入矩阵；
Y：网络输出矩阵；
tr：训练跟踪信息；
Y1：网络实际输出；
E：误差矩阵。

sim 函数

sim 函数即神经网络仿真计算函数。

语法：Y = sim(net, X)
net：训练好的神经网络；
X：网络输入矩阵；
Y：网络输出矩阵。

9.6 MATLAB 仿真实例

例 9.1 采用贝叶斯正则化算法提高 BP 网络的推广能力。用来训练 BP 网络，使其能够拟合某一附加有白噪声的正弦样本数据。

解：仿真过程如下：

（1）构建一个三层 BP 网络：输入层结点数为 1 个，隐含层结点数为 3 个，隐含层的激活函数为'tansig'；输出层结点数为 1 个，输出层的激活函数为'logsig'。

（2）采用贝叶斯正则化算法'trainbr'训练 BP 网络，目标误差 goal = 1×10^{-3}，学习率 lr = 0.05，最大迭代次数 epochs = 500，拟合附加有白噪声的正弦样本数据，拟合数据均方根误差为 0.0054，拟合后的图形如图 9.4 所示。

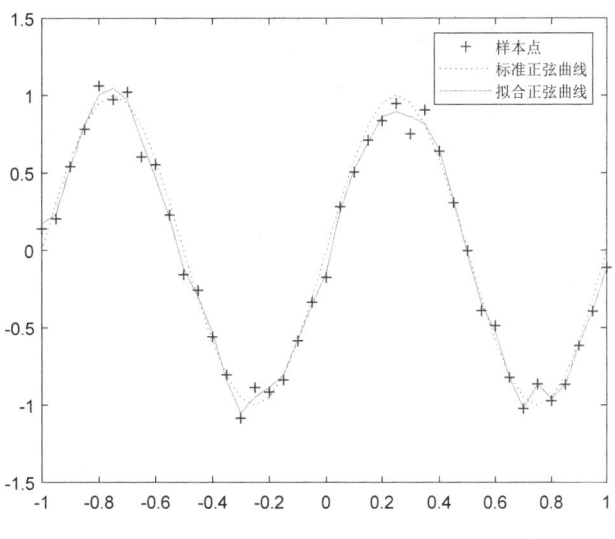

图 9.4 BP 网络拟合附加白噪声的正弦曲线

MATLAB 源程序如下：

```
%%%%%%%%%运用 BP 网络拟合白噪声的正弦样本数据%%%%%%%%%%%%
clear all;                              %清除所有变量
close all;                              %清图
```

```
clc;                                              %清屏
%%%%%%%%%%%%%定义训练样本矢量%%%%%%%%%%%%%%%%
%%%%%%%%%%%%%%P 为输入矢量%%%%%%%%%%%%%%%%%%%
P = [-1:0.05:1];
%%%%%%%%%%%%%%T 为目标矢量%%%%%%%%%%%%%%%%%%%
T = sin(2*pi*P)+0.1*randn(size(P));
%%%%%%%%%%%%%%绘制样本数据点%%%%%%%%%%%%%%%%%
figure
plot(P,T,'+');
hold on;
plot(P,sin(2*pi*P),':');
%%%%%%%%%%%%%绘制不含噪声的正弦曲线%%%%%%%%%%%%
net=newff(P,T,20,{'tansig','purelin'});
%%%%%%%%%%采用贝叶斯正则化算法 TRAINBR%%%%%%%%%%%
net.trainFcn = 'trainbr';
%%%%%%%%%%%%%%设置训练参数%%%%%%%%%%%%%%%%%%
net.trainParam.show = 50;              %显示中间结果的周期
net.trainParam.lr = 0.05;              %学习率
net.trainParam.epochs = 500;           %最大迭代次数
net.trainParam.goal = 1e-3;            %目标误差
net.divideFcn = '';    %清除样本数据分为训练集、验证集和测试集命令
%%%%%%%%%%%%%用相应算法训练 BP 网络%%%%%%%%%%%%%%
[net,tr] = train(net,P,T);
%%%%%%%%%%%%%对 BP 网络进行仿真%%%%%%%%%%%%%%%%
A = sim(net,P);
%%%%%%%%%%%%%%计算仿真误差%%%%%%%%%%%%%%%%%%
E = T - A;
MSE=mse(E);
%%%%%%%%%%%%%绘制匹配结果曲线%%%%%%%%%%%%%%%%
plot(P,A,P,T,'+',P,sin(2*pi*P),':');
legend('样本点','标准正弦曲线','拟合正弦曲线');
```

例 9.2 表 9.1 所示为某药品的月度销售情况,利用 BP 网络对药品的销售进行预测,预测方法采用滚动预测方式,即用前 3 个月的销售量来预测第 4 个月的销售量。如用 1、2、3 月的销售量为输入,预测第 4 个月的销售量;用 2、3、4

语法：Y = sim(net, X)

net：训练好的神经网络；

X：网络输入矩阵；

Y：网络输出矩阵。

9.6 MATLAB 仿真实例

例 9.1 采用贝叶斯正则化算法提高 BP 网络的推广能力。用来训练 BP 网络，使其能够拟合某一附加有白噪声的正弦样本数据。

解：仿真过程如下：

（1）构建一个三层 BP 网络：输入层结点数为 1 个，隐含层结点数为 3 个，隐含层的激活函数为'tansig'；输出层结点数为 1 个，输出层的激活函数为'logsig'。

（2）采用贝叶斯正则化算法'trainbr'训练 BP 网络，目标误差 goal = 1×10^{-3}，学习率 lr = 0.05，最大迭代次数 epochs = 500，拟合附加有白噪声的正弦样本数据，拟合数据均方根误差为 0.0054，拟合后的图形如图 9.4 所示。

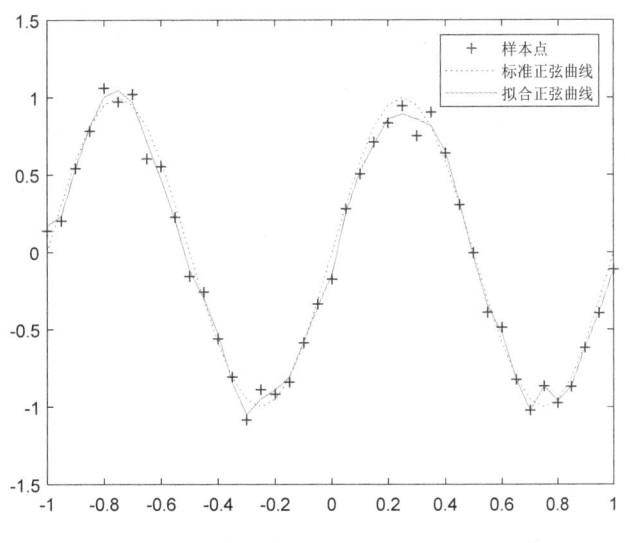

图 9.4 BP 网络拟合附加白噪声的正弦曲线

MATLAB 源程序如下：

```
%%%%%%%%%运用 BP 网络拟合白噪声的正弦样本数据%%%%%%%%%%%%
clear all;                          %清除所有变量
close all;                          %清图
```

```
clc;                                             %清屏
%%%%%%%%%%%%%%%定义训练样本矢量%%%%%%%%%%%%%%%%%%%
%%%%%%%%%%%%%%%%P 为输入矢量%%%%%%%%%%%%%%%%%%%%%
P = [-1:0.05:1];
%%%%%%%%%%%%%%%T 为目标矢量%%%%%%%%%%%%%%%%%%%%%
T = sin(2*pi*P)+0.1*randn(size(P));
%%%%%%%%%%%%%%%%绘制样本数据点%%%%%%%%%%%%%%%%%%%
figure
plot(P,T,'+');
hold on;
plot(P,sin(2*pi*P),':');
%%%%%%%%%%%%%%%绘制不含噪声的正弦曲线%%%%%%%%%%%%%%
net=newff(P,T,20,{'tansig','purelin'});
%%%%%%%%%%采用贝叶斯正则化算法 TRAINBR%%%%%%%%%%%%%
net.trainFcn = 'trainbr';
%%%%%%%%%%%%%%%%设置训练参数%%%%%%%%%%%%%%%%%%%%%
net.trainParam.show = 50;                %显示中间结果的周期
net.trainParam.lr = 0.05;                %学习率
net.trainParam.epochs = 500;             %最大迭代次数
net.trainParam.goal = 1e-3;              %目标误差
net.divideFcn = '';    %清除样本数据分为训练集、验证集和测试集命令
%%%%%%%%%%%%%%%用相应算法训练 BP 网络%%%%%%%%%%%%%%%
[net,tr] = train(net,P,T);
%%%%%%%%%%%%%%%%对 BP 网络进行仿真%%%%%%%%%%%%%%%%%
A = sim(net,P);
%%%%%%%%%%%%%%%%计算仿真误差%%%%%%%%%%%%%%%%%%%%%
E = T - A;
MSE=mse(E);
%%%%%%%%%%%%%%%%绘制匹配结果曲线%%%%%%%%%%%%%%%%%%
plot(P,A,P,T,'+',P,sin(2*pi*P),':');
legend('样本点','标准正弦曲线','拟合正弦曲线');
```

例 9.2 表 9.1 所示为某药品的月度销售情况，利用 BP 网络对药品的销售进行预测，预测方法采用滚动预测方式，即用前 3 个月的销售量来预测第 4 个月的销售量。如用 1、2、3 月的销售量为输入，预测第 4 个月的销售量；用 2、3、4

月的销售量为输入,预测第 5 个月的销售量。反复迭代,直至满足预测精度要求为止。

表 9.1 某药品月度销售表

月份	1	2	3	4	5	6
销量	2056	2395	2600	2298	1634	1600
月份	7	8	9	10	11	12
销量	1873	1478	1900	1500	2046	1556

解:仿真过程如下:

(1)构建一个三层 BP 网络对药品的销售进行预测:输入层结点数为 3 个,隐含层结点数为 5,隐含层的激活函数为'tansig';输出层结点数为 1 个,输出层的激活函数为'logsig'。

(2)采用梯度下降动量和自适应 lr 算法'traingdx'训练 BP 网络,目标误差 goal = $1×10^{-3}$,学习率 lr = 0.05,最大迭代次数 epochs = 1000,其销售实际值和预测值对比曲线如图 9.5 所示。

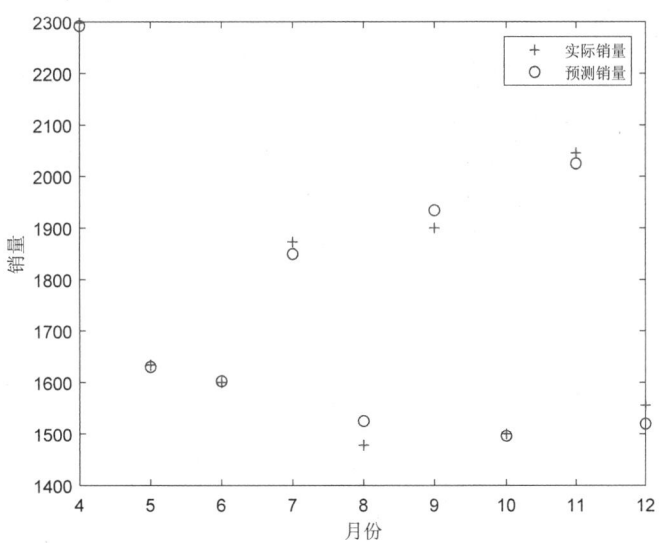

图 9.5 药品销售实际值和预测值对比曲线

MATLAB 源程序如下:

```
%%%%%%%%%%%%%运用 BP 网络预测数据%%%%%%%%%%%%%%%
clear all;                          %清除所有变量
```

```matlab
close all;                              %清图
clc;                                    %清屏
%%%%%%%%%%%%%%%%%%%%原始数据%%%%%%%%%%%%%%%%%%%%
p = [2056 2395 2600 2298 1634 1600 1873 1478 1900
    2395 2600 2298 1634 1600 1873 1478 1900 1500
    2600 2298 1634 1600 1873 1478 1900 1500 2046];
t = [2298 1634 1600 1873 1478 1900 1500 2046 1556];
%%%%%%%%%%%%%%%%%%%%原始数据归一化%%%%%%%%%%%%%%%%%%%%
pmax = max(max(p));
pmin = min(min(p));
P = (p-pmin)./(pmax-pmin);              %输入数据矩阵
tmax = max(t);
tmin = min(t);
T = (t-tmin)./(tmax-tmin);              %目标数据向量
%%%%%%%%%%%%%%%创建一个新的前向神经网络%%%%%%%%%%%%%%%
net = newff(P,T,5,{'tansig','purelin'},'traingdx');
%%%%%%%%%%%%%%%%%%%%设置训练参数%%%%%%%%%%%%%%%%%%%%
net.trainParam.show = 50;               %显示中间结果的周期
net.trainParam.lr = 0.05;               %学习率
net.trainParam.epochs = 1000;           %最大迭代次数
net.trainParam.goal = 1e-3;             %目标误差
net.divideFcn = '';         %清除样本数据分为训练集、验证集和测试集命令
%%%%%%%%%%%%调用 TRAINGDM 算法训练 BP 网络%%%%%%%%%%%%
[net,tr] = train(net,P,T);
%%%%%%%%%%%%%%%%%%%%对 BP 网络进行仿真%%%%%%%%%%%%%%%%%%%%
A = sim(net,P);
%%%%%%%%%%%%%%%%%%%%计算预测数据原始值%%%%%%%%%%%%%%%%%%%%
a = A.*(tmax-tmin)+tmin;
%%%%%%%%%%%%%%%%%%%%绘制实际值和预测值曲线%%%%%%%%%%%%%%%%%%%%
x = 4:12;
figure
plot(x,t,'+');
hold on;
plot(x,a,'or');
hold off
xlabel('月份')
```

ylabel('销量')
legend('实际销量','预测销量');

例 9.3 表 9.2 所示为某地区公路运力的历史统计数据表,请建立相应的 BP 网络预测模型,并根据给出的 2010 年和 2011 年的数据,预测相应的公路客运量和货运量。

表 9.2 某地区公路运力的历史统计数据表

年份	人数/万人	机动车数/万辆	公路面积/万公里^2	公路客运量/万人	公路货运量/万吨
1990	20.55	0.6	0.09	5126	1237
1991	22.44	0.75	0.11	6217	1379
1992	25.37	0.85	0.11	7730	1385
1993	27.13	0.9	0.14	9145	1399
1994	29.45	1.05	0.2	10460	1663
1995	30.1	1.35	0.23	11387	1714
1996	30.96	1.45	0.23	12353	1834
1997	34.06	1.6	0.32	15750	4322
1998	36.42	1.7	0.32	18304	8132
1999	38.09	1.85	0.34	19836	8936
2000	39.13	2.15	0.36	21024	11099
2001	39.99	2.2	0.36	19490	11203
2002	41.93	2.25	0.38	20433	10524
2003	44.59	2.35	0.49	22598	11115
2004	47.3	2.5	0.56	25107	13320
2005	52.89	2.6	0.59	33442	16762
2006	55.73	2.7	0.59	36836	18673
2007	56.76	2.85	0.67	40548	20724
2008	59.17	2.95	0.69	42927	20803
2009	60.63	3.1	0.79	43462	21804
2010	73.39	3.9	0.98		
2011	75.55	4.1	1.02		

解: 仿真过程如下:

(1)构建一个三层 BP 网络对该地区公路运力进行预测:输入层结点数为 3 个,隐含层结点数为 8,隐含层的激活函数为'tansig';输出层结点数为 2 个,输出层的激活函数为'purelin'。

（2）采用梯度下降动量和自适应 lr 算法'traingdx'训练 BP 网络，目标误差 goal = 1×10^{-3}，学习率 lr = 0.035，最大迭代次数 epochs = 2000。拟合的历年公路客运量曲线和历年公路货运量曲线分别如图 9.6 和图 9.7 所示。预测结果为：2010 年公路客运量为 4.5277 亿人，公路货运量为 2.2290 亿吨；2011 年公路客运量为 4.5308 亿人，公路货运量为 2.2296 亿吨。

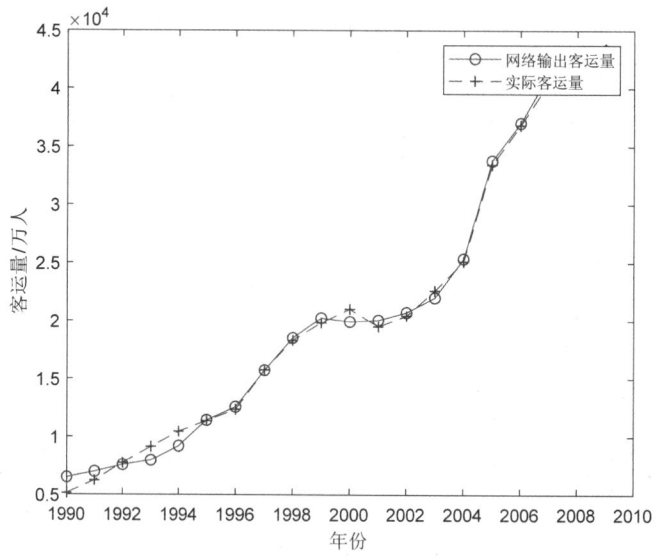

图 9.6　历年公路客运量拟合曲线

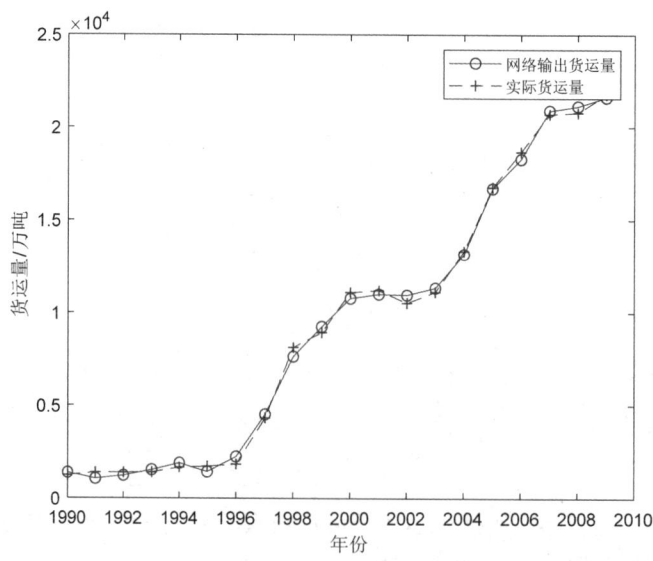

图 9.7　历年公路货运量拟合曲线

第 9 章 神经网络算法

MATLAB 源程序如下：

```
%%%%%%%%%%%%%%%运用BP网络预测数据%%%%%%%%%%%%%%
clear all;                              %清除所有变量
close all;                              %清图
clc;                                    %清屏
%%%%%%%%%%%%%%%%%%原始数据%%%%%%%%%%%%%%%%%%%
%%%%%%%%%%%%%%%%%%人数/万人%%%%%%%%%%%%%%%%%%
sqrs = [20.55 22.44 25.37 27.13 29.45 30.10 30.96 34.06 36.42 38.09...
       39.13 39.99 41.93 44.59 47.30 52.89 55.73 56.76 59.17 60.63];
%%%%%%%%%%%%%%%%%%机动车数/万辆%%%%%%%%%%%%%%%%%
sqjdcs = [0.6 0.75 0.85 0.9 1.05 1.35 1.45 1.6 1.7 1.85 2.15 2.2...
         2.25 2.35 2.5 2.6 2.7 2.85 2.95 3.1];
%%%%%%%%%%%%%%%%%公路面积/万平方公里%%%%%%%%%%%%%%%%
sqglmj = [0.09 0.11 0.11 0.14 0.20 0.23 0.23 0.32 0.32 0.34 0.36...
         0.36 0.38 0.49 0.56 0.59 0.59 0.67 0.69 0.79];
%%%%%%%%%%%%%%%%%公路客运量/万人%%%%%%%%%%%%%%%%%
glkyl = [5126 6217 7730 9145 10460 11387 12353 15750 18304 19836 ...
        21024 19490 20433 22598 25107 33442 36836 40548 42927 43462];
%%%%%%%%%%%%%%%%%公路货运量/万吨%%%%%%%%%%%%%%%%%
glhyl = [1237 1379 1385 1399 1663 1714 1834 4322 8132 8936 11099 ...
        11203 10524 11115 13320 16762 18673 20724 20803 21804];
%%%%%%%%%%%%%%%%%输入数据矩阵%%%%%%%%%%%%%%%%%%%
p = [sqrs;sqjdcs;sqglmj];
%%%%%%%%%%%%%%%%%目标数据矩阵%%%%%%%%%%%%%%%%%%%
t = [glkyl;glhyl];
%%%%%%%%%%%%%%%%%原始样本归一化%%%%%%%%%%%%%%%%%%
[P,PSp] = mapminmax(p);
[T,PSt] = mapminmax(t);
%%%%%%%%%%%%%%%%%创建一个新的前向神经网络%%%%%%%%%%%%%%
net=newff(P,T,8,{'tansig','purelin'},'traingdx');
%%%%%%%%%%%%%%%%%设置训练参数%%%%%%%%%%%%%%%%%%
net.trainParam.show = 50;               %显示中间结果的周期
net.trainParam.lr = 0.035;              %学习率
net.trainParam.epochs = 2000;           %最大迭代次数
net.trainParam.goal = 1e-3;             %目标误差
```

```matlab
net.divideFcn = '';        %清除样本数据分为训练集、验证集和测试集命令
%%%%%%%%%%%%%调用 TRAINGDM 算法训练 BP 网络%%%%%%%%%%%%
[net,tr] = train(net,P,T);
%%%%%%%%%%%%%%对 BP 网络进行仿真%%%%%%%%%%%%%%%%%
A = sim(net,P);
a = mapminmax('reverse',A,PSt);
%%%%%%%%%%%%%%优化后输入层权值和阈值%%%%%%%%%%%%%%
inputWeights = net.IW{1,1};
inputbias = net.b{1};
%%%%%%%%%%%%%%优化后网络层权值和阈值%%%%%%%%%%%%%%
layerWeights = net.LW{2,1};
layerbias = net.b{2};
%%%%%%%%%%%%%%%%%时间轴刻度%%%%%%%%%%%%%%%%%%%
x = 1990:2009;
%%%%%%%%%%%%%%%网络输出客运量%%%%%%%%%%%%%%%%%
newk = a(1,:);
%%%%%%%%%%%%%%%网络输出货运量%%%%%%%%%%%%%%%%%
newh = a(2,:);
%%%%%%%%%%%%%%绘制公路客运量对比图%%%%%%%%%%%%%%
figure
plot(x,newk,'r-o',x,glkyl,'b--+')
legend('网络输出客运量','实际客运量');
xlabel('年份');ylabel('客运量/万人');
%%%%%%%%%%%%%%绘制公路货运量对比图%%%%%%%%%%%%%%
figure
plot(x,newh,'r-o',x,glhyl,'b--+')
legend('网络输出货运量','实际货运量');
xlabel('年份');ylabel('货运量/万吨');
%%%%%%%%%%%%利用训练好的网络进行预测%%%%%%%%%%%%%
%%%%%%%%%%%%2010 年和 2011 年的相关数据%%%%%%%%%%%%
pnew = [73.39 75.55;3.9 4.1;0.98 1.02];
SamNum = size(pnew,2);
%%%%%%%%利用原始输入数据的归一化参数对新数据进行归一化%%%%%%
pnewn = mapminmax('apply',pnew,PSp);
%%%%%%%%%%%%%%隐含层输出预测结果%%%%%%%%%%%%%%%
HiddenOut = tansig(inputWeights*pnewn+repmat(inputbias,1,SamNum));
```

```
%%%%%%%%%%%%%%%%%输出层输出预测结果%%%%%%%%%%%%%%%%%
anewn = purelin(layerWeights*HiddenOut+repmat(layerbias,1,SamNum));
%%%%%%%%%把网络预测得到的数据还原为原始的数量级%%%%%%%%%
anew=mapminmax('reverse',anewn,PSt);
```

参考文献

[1] 蔡自兴, 王勇. 智能系统原理、算法与应用[M]. 北京: 机械工业出版社, 2014: 129-147.

[2] MCCULLOCH W S, PITTS W. A logical calculus of ideas immanent in nervous activity[J]. Bulletin of Mathematical Biophysics, 1943(5): 115-133.

[3] ROSENBLATT F. The perceptron: a probabilistic model for information storage and organization in the brain[J]. Psychological Review, 1958, 65: 386-408.

[4] HOPFIELD J J. Neural networks and physical systems with emergent collective computational abilities[C]. Proceedings of the National Academy of Science, 1982(79): 2554-2558.

[5] RUMELHART D E, HINTON G E, WILLIAMS R J. Learning representations by back-propagation errors[J]. Nature, 1986, 323: 533-536.

[6] RUBANOV N S. The layer wise method and the back propagation hybrid approach to learning a feedforward neural network[J]. IEEE Transactions on Neural Networks, 2000, 11(2): 295-305.

[7] 温政. 精通 MATLAB 智能算法[M]. 北京: 清华大学出版社, 2015: 19-105.

[8] 曾喆昭. 神经网络优化方法及其在信号处理中的应用研究[D]. 长沙: 湖南大学, 2008: 8-16.

[9] 郁磊, 史峰, 王辉, 等. MATLAB 智能算法 30 个案例分析[M]. 2 版. 北京: 北京航空航天大学出版社, 2015: 27-28.

[10] RIGLER A K, IRVINE J M, VOGL T P. Rescaling of variables in back propagation learning[J]. Neural Networks, 1990, 3(5): 561-573.

[11] LEUNG M T, et al. Fingerprint processing using back propagation neural networks[C]., IJCNN International Joint Conference on Neural Networks, 1990: 15-20.

附录 A

MATLAB 主要函数命令

一、常用指令

1. 常用信息

help	联机帮助命令，在 MATLAB 命令窗口显示帮助主题
helpwin	联机帮助命令，在 MATLAB 帮助窗口显示函数命令分类表
helpdesk	联机帮助命令，显示帮助的首页
doc	在帮助窗口中显示函数查询的结果
demo	在帮助窗口中显示例子程序
ver	MATLAB 及其工具箱的版本信息
whatsnew	显示手册中未给出的新特性
readme	介绍当前版本的 MATLAB 新功能

2. 工作空间管理

who	显示内存中全部工作变量（变量列表）
whos	显示工作变量的具体信息（数组维数）
workspace	显示工作区的浏览器，图形界面的工作区管理
clc	清除命令行窗口的内容
clf	清除图形窗口的内容
clear	清除工作空间中的变量

close	关闭当前的 Figure 窗口
pack	整理工作空间的内存
load	从磁盘上将变量（数据）调入工作空间内存
save	将工作空间的变量（数据）存盘
quit	退出 MATLAB （与命令 exit 相同）

3. 管理命令

what	显示当前工作目录下的有关文件
type	显示 M 文件
edit	打开程序编辑器，编写或修改 M 文件
open	以扩充方式打开文件
lookfor	搜索带关键词的 M 文件
which	确定函数和文件的位置
pcode	生成伪代码文件
inmem	内存中函数列表

4. 管理和搜索路径

path	设置/显示 MATLAB 路径
addpath	添加路径
rmpath	消除已设置的路径
pathtool	修改路径

5. 命令窗口控制

echo	显示文件中的 MATLAB 命令
more	命令窗口的分页控制
diary	日志命令
format	设置输出格式

6. 操作系统命令

cd	改变当前工作目录
copyfile	拷贝文件
pwd	显示当前工作目录的路径
dir	工作目录下文件列表
delete	删除文件
getenv	得到环境变量
mkdir	创建目录

!		执行操作系统命令
dos		执行 DOS 命令并返回结果
unix		执行 UNIX 命令并返回结果
vms		执行 VMS DCL 命令并返回结果
web		打开页面浏览器
computer		显示计算机类型和操作系统

7. 调试 M 文件

debug	列出所有调试命令
dbstop	设置跟踪调试断点
dbclear	清除跟踪调试断点
dbcont	跟踪调试恢复执行
dbdown	改变局部工作空间内容
dbstack	列出函数调用关系
dbstatus	列出所有断点情况
dbstep	跟踪调试单步执行
dbtype	列出带有命令行标号 M 文件
dbup	改变局部工作空间内容
dbquit	退出调试
dbmex	调试 MEX 文件

8. 特殊变量和常数

ans	最常用的答案变量
eps	浮点数相对精度
realmax	最大正浮点数
realmin	最小正浮点数
pi	数学常数 π
i, j	单位虚数
inf	无穷大
nan	不定数，如 0/0 和 inf/inf
isnan	判定不定数为 NaN 则取 1，否则为 0
isinf	判定无穷大元素
isfinite	判定有限大元素
flops	浮点操作计数
why	简明的答案

二、运算符号与特殊字符

1. 算术运算符号

+	矩阵加法
-	矩阵减法
*	矩阵乘法
.*	数组乘法
^	矩阵方幂运算
.^	数组方幂运算
\	矩阵左除运算
/	矩阵右除运算
.\	数组左除运算
./	数组右除运算
kron	Kronecker 张量积运算

2. 关系运算符号

==	相等关系
~=	不等关系
<	小于关系
>	大于关系
<=	小于等于关系
>=	大于等于关系

3. 逻辑运算符号

&	逻辑"与"运算（and）
|	逻辑"或"运算（or）
~	逻辑"非"运算（not）
any	当向量 X 中有非零元素时 any(X) 的值为 "1"，否则为 "0"
All	当向量 X 的元素全不为零时 all(X) 的值为 "1"，否则为 "0"

三、程序语言设计

1. 控制流程

if	if 语句开始

else	if 语句条件	
elseif	if 语句条件	
end	结束控制语句命令	
for	循环语句	
while	循环语句	
break	中断循环的执行	
switch	分支表达式	
case	分支的情形	
otherwise	默认的分支情形	
try	开始一个 try 代码块	
catch	开始一个 catch 代码块	
return	返回主调函数的命令	

2. 执行函数

eval	执行 MATLAB 语句构成的字符串
evalc	执行 MATLAB 字符串
feval	执行字符串指定的文件
evalin	在指定工作区中执行表达式
builtin	执行被重载的方法的内建版本
assignin	在指定工作区内赋值
run	运行

3. 命令、函数和变量

script	MATLAB 语句及文件信息
function	新函数
global	定义全局变量
persistent	定义永久变量
mfilename	显示当前 M 文件名
lists	从数组或结构中分离出多个值
exist	检查变量或文件是否已经定义
isglobal	判断是否是全局变量
mlock	阻止清除 M 文件
munlock	允许清除 M 文件
mislocked	如果 M 文件不能清除，则返回真
precedence	在 MATLAB 中的操作优先级

4. 自变量处理

nargchk	不定式
nargin	函数中实际输入参数个数检验
nargout	函数中实际输出参数个数检验
varargin	输入参数列表的变量长度
varargout	输出参数列表的变量长度
inputname	输入参数名

5. 信息显示

error	显示错误信息并中断函数
warning	显示警告信息
lasterr	查询上一条错误信息
lastwarn	查询上一条警告信息
errortrap	在测试中忽略错误
disp	显示矩阵或文本
display	显示数组的重载函数
fprintf	有格式的向文件写入数据
sprintf	按照 C 语言格式书写字符串

6. 交互输入

input	用户输入提示符
keyboard	启动键盘管理程序
pause	暂停，等待用户回答
uimenu	创建用户界面菜单
Uicontrol	建立用户界面控制的函数

四、基本矩阵和矩阵操作

1. 基本矩阵

zeros	全"0"数组
ones	全"1"数组
eye	单位矩阵
repmat	复制排列矩阵
rand	均匀分布随机数
randn	正态分布随机数

randi	均匀分布伪随机整数
linspace	产生线性间隔的向量
logspace	产生对数间隔的向量
meshgrid	产生用于三维绘图的 X 和 Y 数组

2. 基本数据信息

size	求矩阵的维数
length	求向量维数
disp	显示矩阵或文本
isempty	判断空矩阵
isequal	判断数据相等
isnumeric	判断数值数组
islogical	判断逻辑数组
logical	转换数值为逻辑值

3. 矩阵操作

reshape	矩阵的行列重置命令
diag	生成对角矩阵命令
blkdiag	生成块对角矩阵命令
tril	选取矩阵的下三角部分
triu	选取矩阵的上三角部分
fliplr	将矩阵数据左、右翻转
flipud	将矩阵数据上、下翻转
flipdim	按指定维数翻转矩阵
rot90	将矩阵数据右旋 $90°$
find	寻找非零元素坐标
end	数组最末指标
sub2ind	从多个下标获取索引
ind2sub	从线性索引获取多个下标

4. 特殊矩阵

company	多项式的伴随矩阵
gallery	Higham 测试矩阵
hadamard	哈达马矩阵
hankel	汉克矩阵
hilb	希尔伯特矩阵

invhilb	逆希尔伯特矩阵
magic	幻方矩阵
pascal	Pascal 矩阵
rosser	经典对称特征值测试矩阵
toeplitz	Toeplitz 矩阵
vander	范德蒙矩阵
wilkinson	Wilkinson's 特征值测试矩阵

五、基本数学函数

1. 三角函数

sin	正弦函数
asin	反正弦函数
cos	余弦函数
acos	反余弦函数
tan	正切函数
atan	反正切函数
atan2	四个象限内反正切
cot	余切函数
acot	反余切函数
sec	正割函数
asec	反正割函数
csc	余割函数
acsc	反余割函数
sinh	双曲正弦函数
asinh	反双曲正弦函数
cosh	双曲余弦函数
acosh	反双曲余弦函数
tanh	双曲正切函数
atanh	反双曲正切函数
sech	双曲正割函数
asech	反双曲正割函数
csch	双曲余割函数
acsch	反双曲余割函数

coth	双曲余切函数
acoth	反双曲余切函数

2. 指数函数

exp	指数函数
log	自然对数函数
log10	常用对数函数
log2	以 2 为底的对数
pow2	以 2 为底的幂函数
sqrt	平方根函数
nextpow2	找出下一个 2 的指数

3. 复数函数

abs	求模（绝对值）
angle	相角
complex	根据实部和虚部构造复数
conj	求复数共轭
imag	求虚部
real	求实部
isreal	判断实数

4. 舍入函数和剩余函数

fix	向零方向舍入
floor	向负无穷大方向舍入
ceil	向正无穷大方向舍入
round	四舍五入函数
mod	求余函数，$\mathrm{mod}(X,Y)$ 的符号与 Y 相同
rem	求余函数，$\mathrm{rem}(X,Y)$ 的符号与 X 相同
sign	符号函数

六、特殊函数

1. 特殊数学函数

airy	Airy 函数
besselj	第一类 Bessel 函数
bessely	第二类 Bessel 函数

besselh	第三类 Bessel 函数	
besseli	改进的第一类 Bessel 函数	
besselk	改进的第二类 Bessel 函数	
beta	Beta 函数	
betainc	不完全 Beta 函数	
betaln	Beta 函数的对数	
ellipj	Jacobi 椭圆函数	
ellipke	完全椭圆积分	
erf	误差函数	
erfc	余误差函数	
erfcx	补充余误差函数	
erfinv	反误差函数	
expint	指数积分函数	
gamma	Gamma 函数	
gammainc	不完全 Gamma 函数	
gammaln	Gamma 函数的对数	
legendre	联合 Legendre 函数	
cross	向量的叉积	
2. 数论函数		
factor	自然数的质因数分解	
isprime	判断质数	
primes	产生质数表	
gcd	最大公约数	
lcm	最小公倍数	
rat	实数的有理数（连分数）逼近	
rats	数据的有理数形式输出	
perms	列出向量元素的全排列	
nchoosek	从 N 个元素中选取 K 个的组合数	
factorial	阶乘函数	
3. 坐标变换		
cart2sph	转换直角坐标为球坐标	
cart2pol	转换直角坐标为极坐标	
pol2cart	转换极坐标为直角坐标	

sph2cart	转换球坐标为直角坐标
hsv2rgb	转换饱和色值颜色为红、绿、蓝
rgb2hsv	转换红、绿、蓝为饱和色值

七、矩阵函数与数值代数

1. 矩阵分析

norm	矩阵或向量的范数
normest	矩阵的2-范数估计
rank	矩阵的秩
det	求行列式
trace	矩阵的迹
null	零空间
orth	正交化
rref	化矩阵为最简行阶梯型
subspace	两个子空间的夹角

2. 线性方程组

and	用于线性方程组求解
inv	求矩阵的逆命令
cond	求矩阵的条件数
condest	1-范数意义的条件数估计
chol	矩阵的乔斯基分解命令
cholinc	不完全乔斯基分解
lu	基于消元法的矩阵 LU 分解
luinc	不完全 LU 分解
qr	矩阵的正交、三角分解
lsqnonneg	非负约束下的线性最小二乘
pinv	矩阵伪逆
lscov	已知协方差的最小二乘法

3. 特征值和奇异值

eig	求矩阵特征值和特征向量
svd	奇异值分解
gsvd	一般的奇异值分解

eigs	求稀疏矩阵的少数特征值
svds	求稀疏矩阵的少数奇异值
poly	特征多项式
polyeig	多项式特征值问题
condeig	关于特征值的条件数
hess	Hessenberg 型式
qz	广义特征值的 QZ 分解
schur	Schur 分解

4. 矩阵函数

expm	矩阵指数
logm	矩阵对数
sqrtm	矩阵的平方根
funm	一般的矩阵函数计算

5. 分解功能函数

qrdelete	从 QR 分解中删除列
qrinsert	在 QR 分解中插入列
rsf2csf	实对角块变为复对角块
cdf2rdf	复对角块变为实对角块
balance	用于改善特征值精度的对角变换
planerot	Given's 平面旋转变换
cholupdate	Cholesky 分解把矩阵分解为上三角矩阵和其转置的乘积

八、数据分析和傅里叶变换

1. 基本运算

max	求向量的最大分量
min	求向量的最小分量
mean	求向量的平均值
median	求向量的中值
std	标准差
var	方差
sort	按递增排序
sortrows	将矩阵各行按递增排序

sum	向量元素求和
prod	向量元素求积
hist	绘直方图命令
histc	计算直方图数据
trapz	梯形法求数值积分
cumsum	向量元素累加
cumprod	向量元素累乘
cumtrapz	梯形法累积数值积分
2. 有限差分	
diff	差分和近似导数
gradient	近似梯度
del2	离散 Laplace 算子
3. 相关关系	
corrcoef	相关系数向量间相关性的归一化表示
cov	协方差矩阵
subspace	子空间夹角
4. 滤波和卷积	
filter	一维数字滤波
filter2	二维数字滤波
conv	卷积和多项式乘法
conv2	二维卷积
convn	N 维卷积
deconv	因式分解与多项式乘法
detrend	去除线性部分
5. 傅里叶变换	
fft	离散傅里叶变换
fft2	二维离散傅里叶变换
fftn	N 维离散傅里叶变换
ifft	离散傅里叶逆变换
ifft2	二维离散傅里叶逆变换
ifftn	N 维离散傅里叶逆变换
fftshift	取消谱中心零位,移频

ifftshift	和 fftshift 相反

九、插值与多项式

1. 数据插值

interp1	一维插值
interp1q	快速一维插值
interpft	用 FFT 方法进行一维插值
interp2	二维插值
interp3	三维插值
interpn	N 维插值
griddata	数据网格化与曲面拟合

2. 样条插值

spline	三次样条插值
ppval	计算分段多项式值

3. 几何分析

delaunay	Delaunay 三角剖分
dsearch	搜索 Delaunay 三角剖分近似点
tsearch	搜索相似三角形
convhull	曲面外壳
voronoi	Voronoi 图
inpolygon	判断点是否在多边形区域内
rectint	判断矩形是否相交
polyarea	计算多边形面积

4. 多项式函数

roots	求多项式零点
poly	由零点构造多项式
polyval	计算多项式的值
polyvalm	计算矩阵多项式的值
residue	多项式的部分分式展开
polyfit	数据的多项式拟合命令
polyder	多项式微分(求导数)命令
conv	卷积(多项式乘法)

deconv	多项式除法

十、稀疏矩阵

1. 基本稀疏矩阵

speye	稀疏单位矩阵
sprand	均匀分布的稀疏随机矩阵
sprandn	正态分布的稀疏随机矩阵
sprandsym	对称稀疏随机矩阵
spdiags	对角形式（带状）稀疏矩阵

2. 满阵和稀疏矩阵的转换

sparse	从常规矩阵转换稀疏矩阵
full	由稀疏矩阵转换常规矩阵
find	查找非零元素的下标
spconvert	由稀疏矩阵外部格式进行转换

3. 稀疏矩阵的操作

nnz	求非零元素个数
nonzeros	求非零元素
nzmax	允许的非零元素存储空间
spones	用1取代稀疏矩阵中的非零元素
spalloc	给非零元素定位存储空间
issparse	若该矩阵为稀疏矩阵，则为真
spfun	应用于非零矩阵，只对矩阵的非零元素进行运算
spy	绘制稀疏矩阵结构

十一、二维图形

1. 基本二维绘图命令

plot	X-Y 坐标的折线绘图
loglog	对数-对数坐标图
semilogx	半对数（X坐标）图
semilogy	半对数（Y坐标）图
polar	极坐标绘绘图

| plotyy | 左、右各有 Y 标签的二维图 |

2. 坐标及图形窗口控制

axis	控制坐标轴比例及外观
zoom	图形缩放开关命令
grid	为图形加网格线
box	箱状坐标轴
hold	保持当前图形
axes	在任意位置产生坐标轴
subplot	分割图形窗，分块绘图

3. 图形注释

plotedit	编辑图形注释开关
legend	图形标签
title	图形标题
xlabel	X 轴加标志
ylabel	Y 轴加标志
texlabel	由字符串产生 TEX 格式
text	文本注释
gtext	用鼠标定位文本注释

十二、三维图形

1. 基本三维绘图命令

plot3	三维曲线绘图
mesh	三维曲面（网）图
surf	三维曲面（色）图
fill3	填充三维多边形

2. 颜色控制

colormap	颜色表
caxis	伪颜色坐标轴设定
shading	阴影模式
hidden	网格图隐含线设置开关
brighten	使图形色调变亮
colordef	设置颜色默认值

graymon	将图形窗口设置成灰度默认值

3. 坐标轴控制

axis	手动地设置 X、Y 坐标轴范围
zoom	2-D plot 在二维平面上放大缩小图像
grid	加网格线，可选值为 'off' 和 'on'
subplot	同时画出数个小图形于同一个窗口之中
xlim	X 轴上下限，以向量 [xm,xM] 形式给出
ylim	Y 轴上下限，以向量 [ym,xM] 形式给出
zlim	Z 轴上下限，以向量 [ym,xM] 形式给出

4. 图形注释

title	加图名，图形标题
xlabel	X 轴加说明
ylabel	Y 轴加说明
zlabel	Z 轴加说明

十三、特殊图形

area	填充的曲线图
bar	绘制竖直条形图
barh	水平条形图
bar3	竖直三维条形图
bar3h	水平三维条形图
comet	动态显示轨迹
errorbar	误差条形图绘制
ezplot	简单函数绘图命令，二维曲线图
ezpolar	极坐标作图
feather	羽状图形绘制
fill	填充 2D 多边形
fplot	给定函数绘图
hist	直方图绘制
pareto	排列图表
pie	饼图
pie3	3D 饼图
plotmatrix	画矩阵散点图

ribbon	以 3D 带状显示 2D 曲线
scatter	用离散的点画图
stem	离散序列柄状图形绘制
stairs	阶梯图形绘制

十四、图形句柄

figure	创建图对象
uicontrol	用户界面控制
uimenu	用户界面菜单
axes	创建轴对象
line	画线
patch	填充多边形
image	显示图像
surface	绘制三维曲面
text	标注文本
gcf	返回当前图形窗口的句柄
gca	返回当前轴的句柄
gco	返回当前对象的句柄
delete	删出句柄对应的对象

十五、字符串函数

deblank	去掉字符串末尾的空格
findstr	查找字符串
lower	转换为小写
strcmp	字符串比较
strjust	给出字符串最终结果
strcat	字符串组合
strmatch	查找符合要求的行
strncmp	比较字符串的前 n 个字符
strrep	字符串查找和替换
strtok	查找某个字符最先出现的位置
strvcat	字符串的竖向组合
upper	把字符串转换为大写

char	声称字符数组
int2str	把证书转换为字符串
mat2str	把矩阵转换为字符串
num2str	把数值转换为字符串
sprintf	格式输出字符串
sscanf	格式读入字符串
str2num	字符串转换为数值
bin2dec	把二进制转换为十进制
dec2bin	把十进制转换为二进制
dec2hex	把二进制转换为十六进制
hex2dec	把十六进制转换为十进制
hex2num	把十六进制转换为双精度

十六、文件输入/输出

fopen	文件打开
fclose	文件关闭
fread	读二进制文件
fwrite	写二进制文件
fscanf	从文件中读取格式的数据
fprintf	写格式的数据
fgetl	从文件中读行,不返回行结束符
fgets	从文件中读行,返回行结束符
sprintf	把格式数据写入字符串
sscanf	格式读入字符串
feof	检验是否为文件结尾
fseek	设置文件定位器
ftell	获取文件定位器
frewind	返回到文件的开头
tempdir	获取临时文件目录
tempname	获取临时文件名

十七、日期和时间函数

now	当前日期和时间

date	当前日期字符串格式
clock	当前日期和时间向量格式
datenum	转换成数字序列格式
datestr	转换成字符串序列格式
datevec	转换成向量格式
calendar	当月日历表
weekday	星期几
eomday	指定年和月，给出该月的天数
datetick	当以日期为横轴画图时，横轴的标识
cputime	为 CPU 记时
tic,toc	秒表记时开始和结束
etime	计算两个时刻的时间差

十八、数据类型和结构

double	双精度数值类型，是最常用的类型
char	字符数组，每个字符占 16 位
sparse	双精度稀疏矩阵，只存储矩阵中的非零元素
cell	细胞数组，数组中的每个元素可为不同类型、不同维数
struct	结构数组
uint8	8 位型无符号整数，最大可表示 255，不能进行数学运算
isa	查看变量的数据类型，返回 0、1